贾杰

·····微点评

NOTHING
TO PERPLEX

没有什么
想不开

欢乐答疑500例

机械工业出版社
CHINA MACHINE PRESS

本书作者是一位经验丰富的职业咨询师,他利用业余时间在微信公众号为大家答疑解惑。经过多年的积累,他整理了500多张经典对话的截图。这些对话涉及的问题主要集中在:情感、学业、职场、人际和亲子关系等方面。

当局者迷,旁观者清。答疑对话的形式,让人们感受咨询师与来访者的"交锋",并从中受到启发。知其然,知其所以然。对话后的微点评,让人们进一步了解咨询师的思路,从而理解对话背后的深层含义。

本书既可作为居家旅行的"问题偏方",随时拿来自我参详,也可以作为咨询从业者的"备急手边书",从中寻找一些可借鉴的视角和方法。阅读本书,可以让你在欢乐中获得洞察,在洞察中获得思考。不仅能让你的内心变得强大,也可以用来帮助他人成长。另外,本书最大的特点就是阅读起来如同翻看微信朋友圈的对话,非常轻松,让你在不知不觉中感受一种全新的阅读体验。

图书在版编目(CIP)数据

没有什么想不开:欢乐答疑500例/贾杰著.—北京:机械工业出版社,2018.11
ISBN 978-7-111-61477-7

Ⅰ.①没… Ⅱ.①贾… Ⅲ.①人生哲学-通俗读物
Ⅳ.① B821-49

中国版本图书馆 CIP 数据核字 (2018) 第 267343 号

机械工业出版社(北京市百万庄大街22号 邮政编码100037)
策划编辑:裴 泱　　　　责任编辑:裴 泱
责任校对:刘雅娜　　　　责任印制:张 博
北京彩和坊印刷有限公司印刷
2019年7月第1版第1次印刷
101mm×184mm・12.166印张・452千字
标准书号:ISBN 978-7-111-61477-7
定价:69.80元

电话服务　　　　　　　　　　网络服务
客服电话:010-88361066　　机 工 官 网:www.cmpbook.com
　　　　　010-88379833　　机 工 官 博:weibo.com/cmp1952
　　　　　010-68326294　　金 书 网:www.golden-book.com
封底无防伪标均为盗版　　机工教育服务网:www.cmpedu.com

作者简介

贾 杰

职业咨询师，心理咨询师，全球职业规划师（GCDF）、国际生涯教练（BCC）认证培训师。教育部全国高等学校学生信息咨询与就业指导中心特聘专家，清华大学、东华大学、上海对外经贸大学职业咨询师督导。著有《活得明白——生涯咨询的十八个典型》《别装了，其实你没病》。《活得明白——生涯咨询的十八个典型》一书获评中国图书评论学会评选"中国好书"。

6000多例个案积累，400多场培训历练，
12年咨询经验，让他见识各类问题；
11年培训经历，让他走遍祖国各地。
扎实的理论功底，让他逻辑清晰；
严格的基础训练，让他思维缜密；
丰富的案例咨询，让他精准到位；
多元的现场培训，让他灵活应对。

微信公众号免费在线答疑，
短短两年，服务人数超过40000人，
情感问题，直击要害；
学习问题，深入核心；
职场困惑，发人深省；
人际交往，洞察本质；
亲子关系，全面思考；
心理困惑，助人自助。
热心、严谨、负责是周围的人对他的评价，
幽默、智慧、实在是他留给来访者的印象，
这就是人称"段子王"的咨询师——贾杰。

如果你也想与作者直接对话，欢迎关注微信公众号——欢乐答疑，相信你会有意想不到的收获哦。

序 preface

清华大学学生职业发展指导中心

金蕾莅　副主任　副研究员

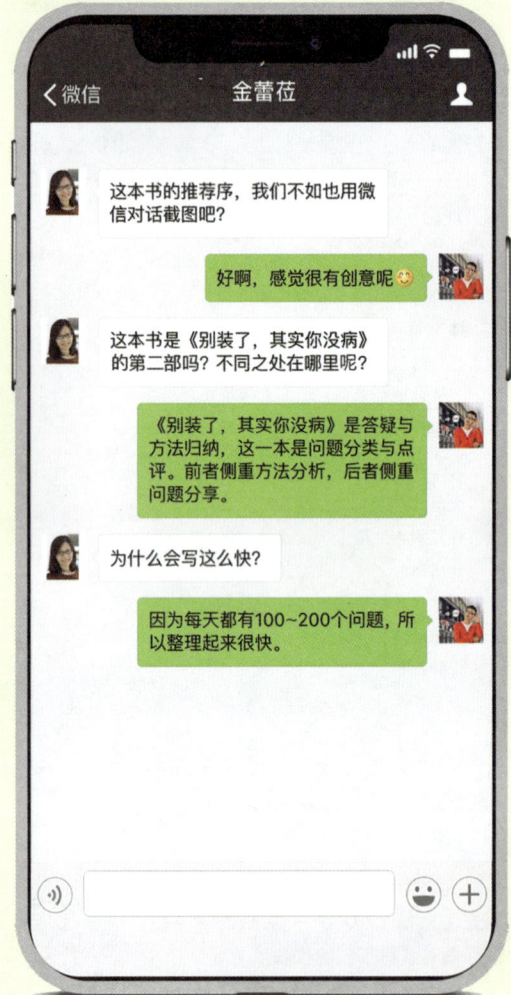

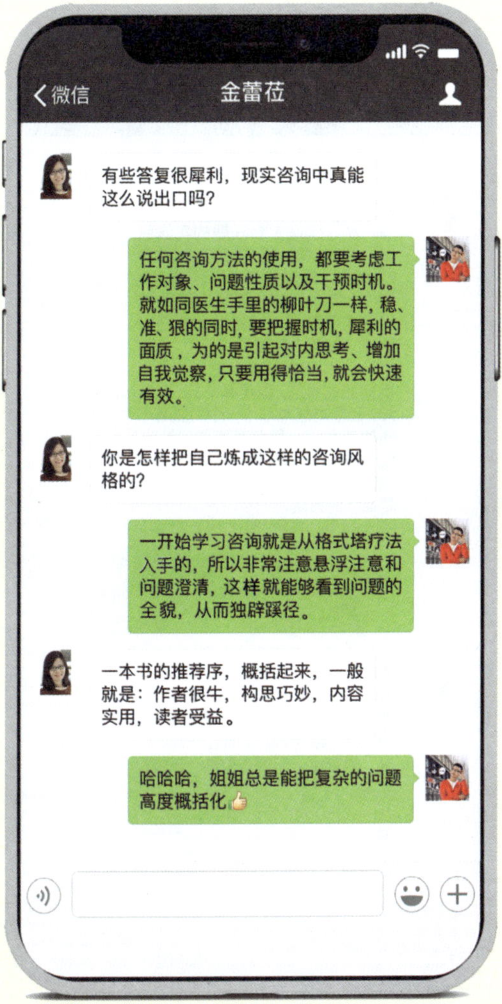

> **有些答复很犀利，现实咨询中真能这么说出口吗？**

> 任何咨询方法的使用，都要考虑工作对象、问题性质以及干预时机。就如同医生手里的柳叶刀一样，稳、准、狠的同时，要把握时机，犀利的面质，为的是引起内思考、增加自我觉察，只要用得恰当，就会快速有效。

> **你是怎样把自己炼成这样的咨询风格的？**

> 一开始学习咨询就是从格式塔疗法入手的，所以非常注意悬浮注意和问题澄清，这样就能够看到问题的全貌，从而独辟蹊径。

> **一本书的推荐序，概括起来，一般就是：作者很牛，构思巧妙，内容实用，读者受益。**

> 哈哈哈，姐姐总是能把复杂的问题高度概括化👍

名词解释　面质

　　　　　　格式塔疗法

　　　　　　悬浮注意

那我就这么说吧:贾老师的思路清晰、妙语连珠来自长期的实践积累,令人感佩。把各种问题分类整理,便于大家对"症"查"药",无论是学生、教师、家长,还是咨询师,皆可各取所需,并从各自的角度进行解读。如果大家觉得"管用""解气",可以好好琢磨琢磨咨询师分析问题的思路,以便举一反三。另外,还要提醒大家:一个问题有不同的视角,一种话有不同的说法,没有包治百病的灵丹妙药,都要因地制宜、因人而异,合适的方法才是最好的方法。

这个提醒太赞了,思路、方法远比风格更重要,千万不要为了犀利而犀利。

最后,在这个"微"时代,"微"咨询解决的都是"微小"的事,呈现的都是"细微"的观点,当这些数不尽的"微小"和"细微"汇聚在一起的时候,就会给人们带去力量、希望和欢喜。

前言

缘起

2016年3月,我受清华大学学生职业发展指导中心金蕾莅老师的邀请,为选修"职业心理学"课程的学生做现场的案例演示。课后,有几个学生找到我,说课堂上的案例演示机会有限,能不能注册一个可以线上答疑的微信公众号,这样他们有什么问题就可以随时给我留言。

一个星期之后,我注册了名为"欢乐答疑"的微信公众号,定位就是随时为学生解答生涯发展的困惑。

设置

生涯发展困惑,就是人们在平时的学习、工作和生活中遇到的一些小的烦恼,自己一时无法排解,但是又没有严重到需要预约一对一咨询的程度。和正式的咨询不同,为了快速起到答疑解惑的效果,除了一些关键信息的搜集和澄清,我一般会快速给出判断和参考意见。在使用生涯发展理论和心理咨询理论的同时,由于个人诙谐幽默的特点,常常给提问者一种言简意赅、直击要害的感觉。于是,逐渐形成了一种独特的风格。

对于那些问题相对比较严重,无法用寥寥数语解决的,我会耐心劝导他们正确认识自己的问题,尽快预约专业的咨询和治疗。对于超出我专业限制的问题,我会真诚地告诉他们这个平台的局限性,让他们尽快寻求其他的解决途径。

探索

一开始,这个公众号只有那个班的40多名学生关注,每天的问题也不过两三个。渐渐地,他们把这个公众号介绍给了自己的同学和亲朋好友,于是,一传十、十传百,短短三个月的时间,关注的用户就达到了4000多人,每天的提问也基本保持在100个左右。于是，茶余饭后、工作间隙，只要有时间，我就会随时进行答疑。后来我发现，相同的问题出现频率很高。于是，我就尝试把一些典型的对话用手机截屏的方式保留下来，想通过公众号的每日推送发布出去，让面临相同问题的人从中得到启发，同时也可以减少我的工作量。但是，另一个问题也随之出现，如何保护这些提问者的个人隐私呢？按照咨询师职业伦理规范的要求，我对这些对话进行了专业化处理，包括更换了提问者的头像（所以书中有大量重复出现的头像，其实并不是同一个人）、删减了一些涉及个人隐私的信息，改编了一些提问中的不良信息等。做好之后，我就随时保存起来，每天上午选择一张群发出去，没想到，反响很好，关注的人数也不断增加。到 2017 年 3 月，也就是公众号注册满一年的时候，用户人数就已经突破了 20000 人，而且很多人都给我留言，说已经养成了每天早上看欢乐答疑的习惯，这让我觉得很受鼓舞。

创新

随着关注人数越来越多，问题的种类也越来越多样化。一开始主要是在校大学生关于学习、人际关系等方面的问题。后来，婚恋情感、亲子关系、职场压力等问题也逐渐多了起来。到 2018 年 3 月，用户人数已经突破 40 000 人，每天的提问至少有 200 个，这对我来说是不小的工作量。在线答疑已经由一开始的娱乐休闲变成了我每日必须完成的工作任务之一。同时，每日一图的推送已经不能再满足不同用户群的需要。于是，一方面我不断丰富对常见问题的整理，开通"关键词自动回复"功能；另一方面，我把每天的推送由一张图片变成了一篇包含不同类型问题答疑的"欢乐合集"。这样做，不仅大大提高了答疑的工作效率，而且让大家看起来有种"很过瘾"的感觉。

升级

2018 年 6 月的一天，一位用户给我留言，说他关注这个公众号很久了，自己暂时没有什么问题要问我，只是有些心里话想要说出来，问我可不可以在第二天的推送中帮他发出来。考虑到倾诉和宣泄也是一种很好的自我疏导，同时，他的言辞也不会对别人造成什么伤害，我就答应了他。于是在第二天的推送中我加了一个板块，称之为"喊话板"。没想到当天的反馈异常火爆，很多用户纷纷发来"喊话"，要求第二天公开发表。这些喊话有的是大胆表白，有的是对热点事件发表自己的观点，有的是向父母吐露心声，有的是来吐槽工作压力……就这样，每天的"欢乐合集"就升级为"答疑与喊话"，只为更好地满足大家的需求。

收获

时间一天天过去，我每天的任务，除了上课和咨询，剩下的就是答疑、截屏、整理和编辑，排队的时候、出差的路上、等候的间隙……随时随地，只要有时间，我就会投入"工作"。

积土成山、积水成渊，短短两年多的时间，我保存的答疑图片已经超过3000张，作为一名咨询师，这样的积累大大丰富了我的案例体验；作为一名培训师，这样的积累让我在培训中能更贴近用户的需求。同时，也让我在互联网与生涯咨询服务之间探索出了一条独特的助人之路。

整理

随着答疑图片一天天地增多，无意中，我发现了这些图片的其他用途，那就是讲课或者咨询的时候可以随时选取，甚至平时与朋友聊天，遇到一些困惑，我也会发几张和他问题类似的答疑图片给他，很多时候，不需要多说什么，几个图片就能收到"瞬间秒懂"的效果。

为了更加快速地提取这些图片，我尝试根据问题性质进行分类，一开始我认为大多数的问题应该集中在学习和职业发展方面，分类统计之后，我才发现，原来排第一位的是情感问题（如图1所示）。

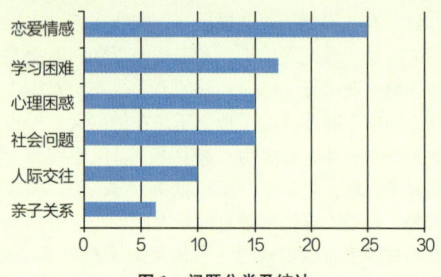

图 1　问题分类及统计

　　渐渐地，无论在公众号还是在朋友圈，越来越多的人提议能否把这些典型的答疑对话整理成书，好让更多面临相似问题的人得到启发与帮助。甚至一位学中医的好朋友跟我开玩笑说，中医经典著作里有一本书叫作《肘后备急方》。意思是医生可以放在手肘后，随时参阅，如果你能出一本书就叫《肘后咨询录》，当人们遇到困惑的时候，随时可以拿出来翻一翻，在问题没有发展到更严重的程度之前就能得到解决，岂不是达到了"治未病"的效果吗？

　　就这样，我开始对这些答疑图片进行筛选，把适合出版的重新整理，最终整理出 560 张，其中包括：情感类问题 130 张，学习类问题 100 张，职场类问题 85 张，人际关系类问题 45 张，心理困惑类问题 110 张，亲子关系类问题 45 张，其他类问题 45 张。

　　为了更好地发挥答疑对话的参考启发作用，我又在每个答疑后面加上了"微点评"，有的是做进一步解释，有的是注明言语的出处，有的是自嘲和感叹，还有的是推荐经典图书。然而，几乎所有的灵感都来自用户的提问，所以我要感谢千千万万个素未谋面的"来访者"，是他们和我一起编写了此书，是他们和我一起在移动互联网和图书写作之间发现了一条新的途径。

祝愿

　　希望每个阅读此书的人都能够从中受益，也希望大家可以把阅读后的收获和感想通过微信公众号反馈给我。祝愿大家生活处处有欢乐，人生天天有开心。

贾　杰

致谢与说明
Acknowledgement and explanation

  仅以此书献给千千万万个素未谋面的"来访者",感谢你们的关注与提问,感谢你们与我一起编写了此书。
  为了保护大家的隐私,在编辑的过程中已经对答疑所涉及的个人信息(包括头像、昵称、现实资料等)进行了专业化处理,请大家放心。

老师，怎样找到结婚对象？
把你的择偶标准告诉身边所有的大妈

情感

001 不冷不热的后果

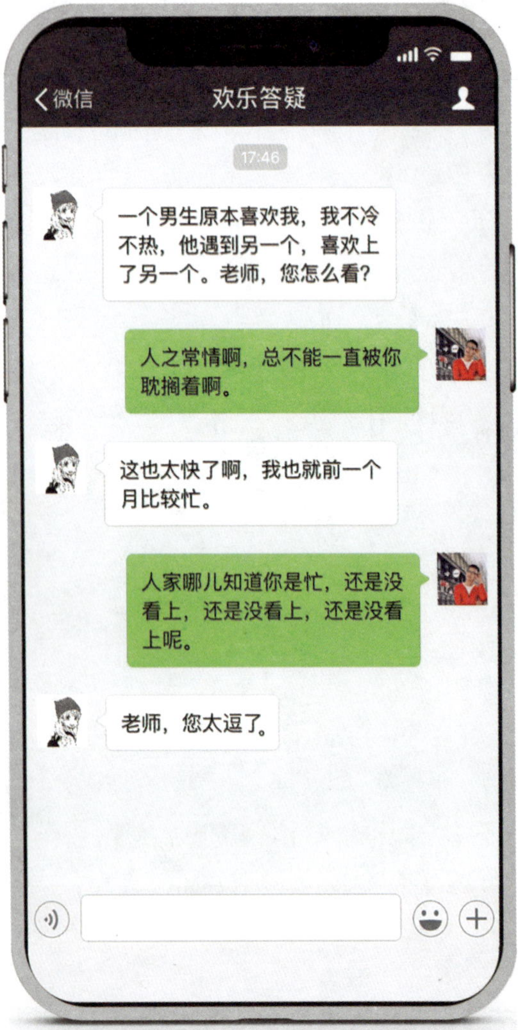
微信
欢乐答疑
17:46
一个男生原本喜欢我，我不冷不热，他遇到另一个，喜欢上了另一个。老师，您怎么看？
人之常情啊，总不能一直被你耽搁着啊。
这也太快了啊，我也就前一个月比较忙。
人家哪儿知道你是忙，还是没看上，还是没看上，还是没看上呢。
老师，您太逗了。

微点评 记住，每个人都是有底线的。

情感

002 爱与行动

老师,喜欢一个人,怎么确认她也喜欢你?

足够喜欢的话,早去表白了。

也是哈。

微点评 连表白的勇气都没有,还说什么爱?
再说了,表白后无论结果怎么样,总比这样悬着强啊。

003 八字与分手

微点评 凡是恋爱之初,不把自己的规则和禁忌说明白的,都属于耍流氓。

004 积极思维

微点评　有种说法叫作：广泛撒网，重点捞鱼。恭喜你，你被放生了。

005 不想表白

微点评 "仕宦当作执金吾,娶妻当得阴丽华",既然所求非所得,那就励志吧!

006 单身狗

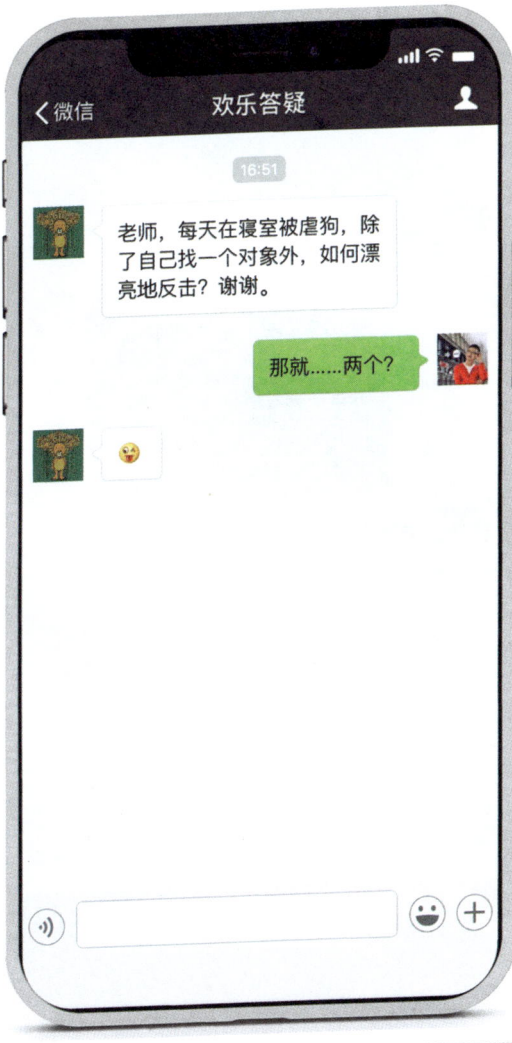

微点评 我总不能教你如何拆散人家吧？所以，保护单身狗，人人有责。
友情提示：不要把恋爱的酸臭味带回宿舍。

007 忘记一个人

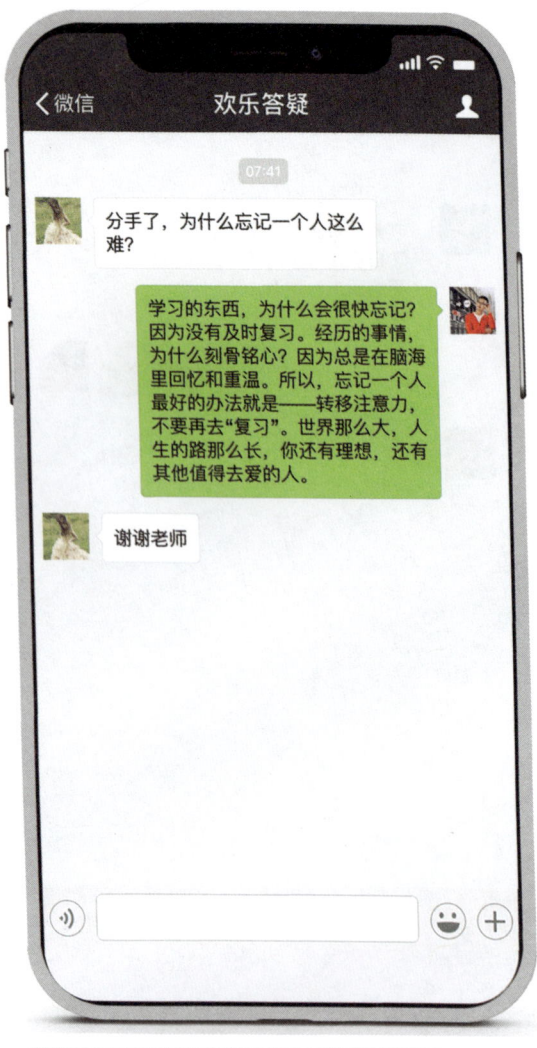

微点评 只要不去复习,时间总会抚平一切。

008 亲情与爱情

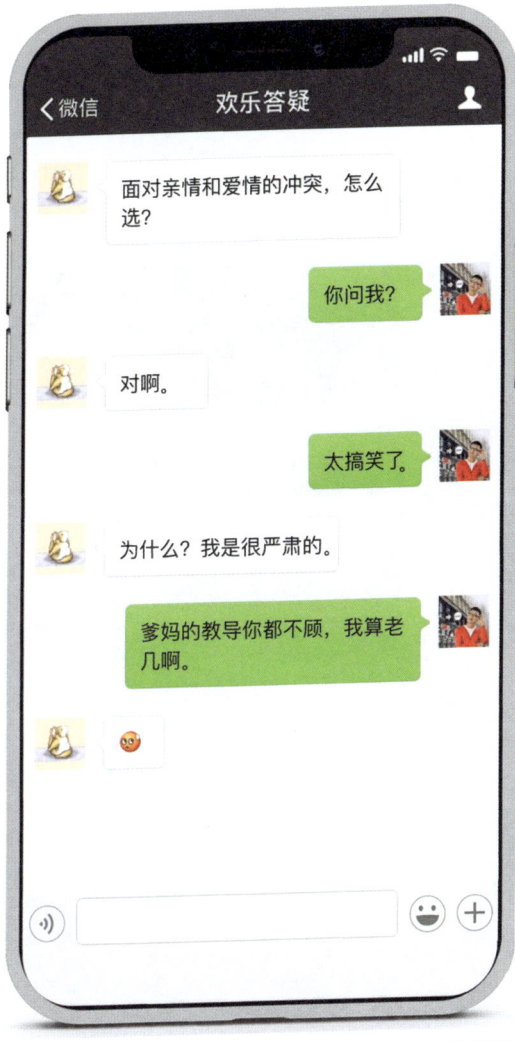

微点评　首先，大多数父母没有罔顾儿女幸福的意图；其次，有了孩子之后，你就会发现，缺少家庭系统的支持是有多么令人崩溃；第三，假如真要一意孤行，希望你能为自己的选择无怨无悔地承担责任。

009 规则与底线

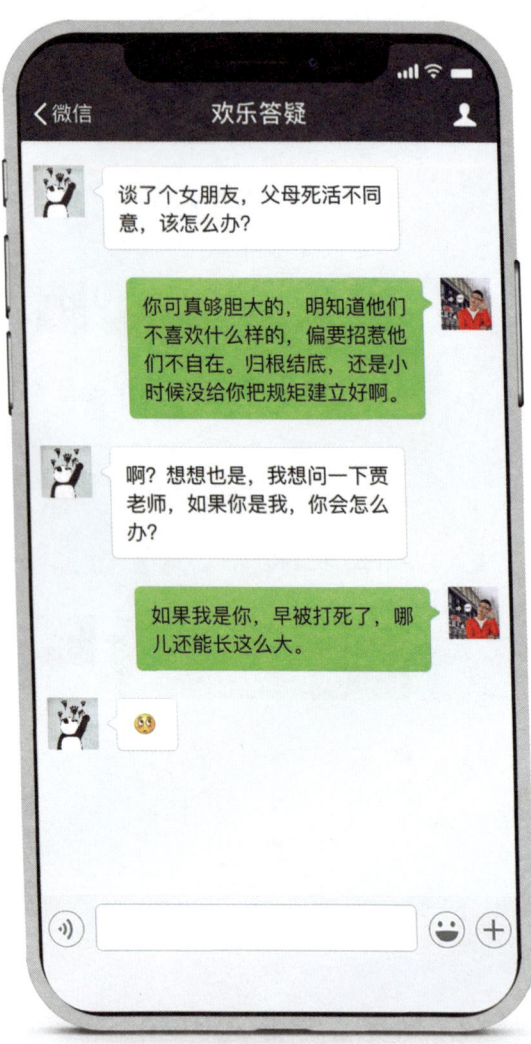

微点评 既然知道规则，还要去铤而走险，我不得不佩服你的勇气。也许，父母就是考验你们真爱的第一关。

010 嫉妒与自卑

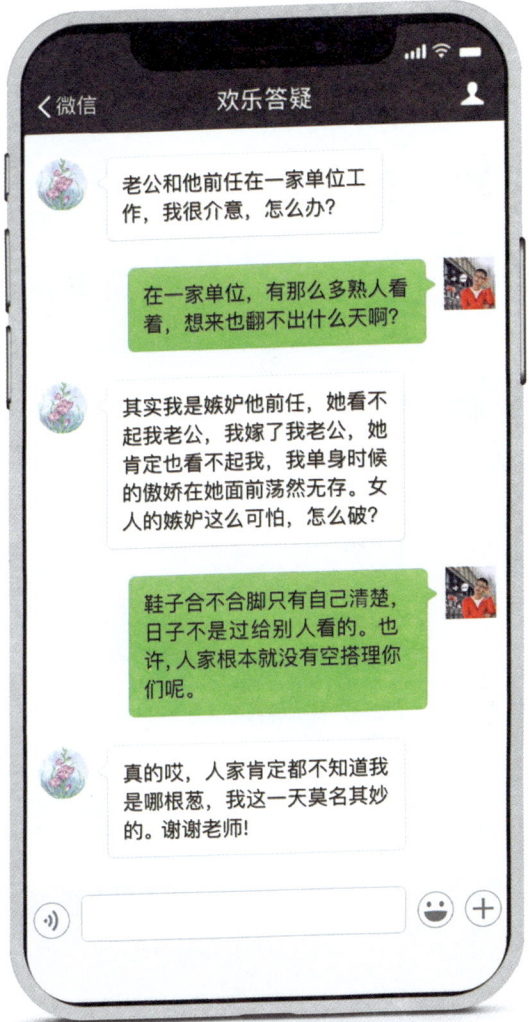

> 老公和他前任在一家单位工作，我很介意，怎么办？

> 在一家单位，有那么多熟人看着，想来也翻不出什么天啊？

> 其实我是嫉妒他前任，她看不起我老公，我嫁了我老公，她肯定也看不起我，我单身时候的傲娇在她面前荡然无存。女人的嫉妒这么可怕，怎么破？

> 鞋子合不合脚只有自己清楚，日子不是过给别人看的。也许，人家根本就没有空搭理你们呢。

> 真的哎，人家肯定都不知道我是哪根葱，我这一天莫名其妙的。谢谢老师！

微点评　合适的才是最好的，我相信，你老公也清楚这一点。

011 开始谈恋爱

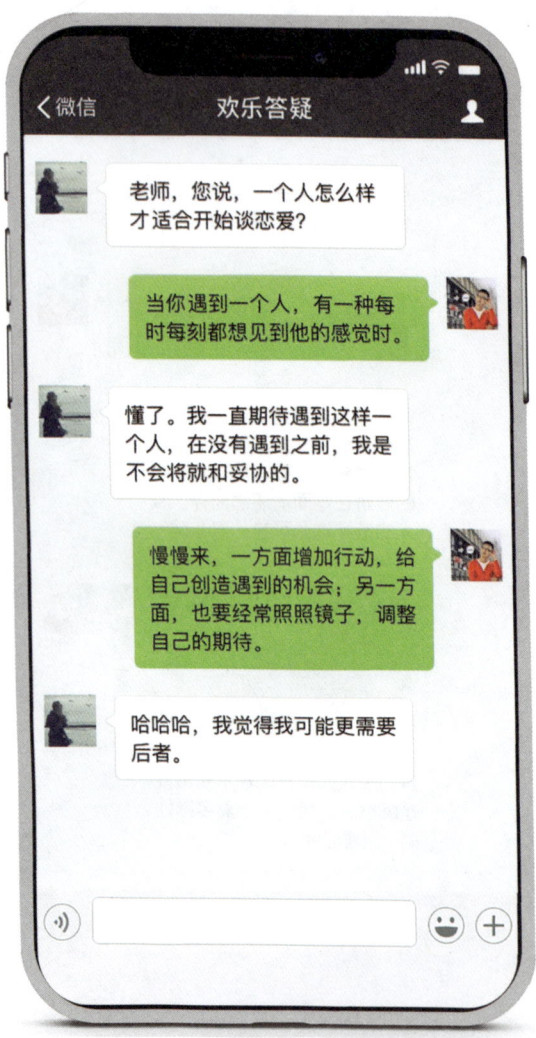

老师,您说,一个人怎么样才适合开始谈恋爱?

当你遇到一个人,有一种每时每刻都想见到他的感觉时。

懂了。我一直期待遇到这样一个人,在没有遇到之前,我是不会将就和妥协的。

慢慢来,一方面增加行动,给自己创造遇到的机会;另一方面,也要经常照照镜子,调整自己的期待。

哈哈哈,我觉得我可能更需要后者。

微点评 知人者智,自知者明。后半句更重要。

012 爱情与面包

情感

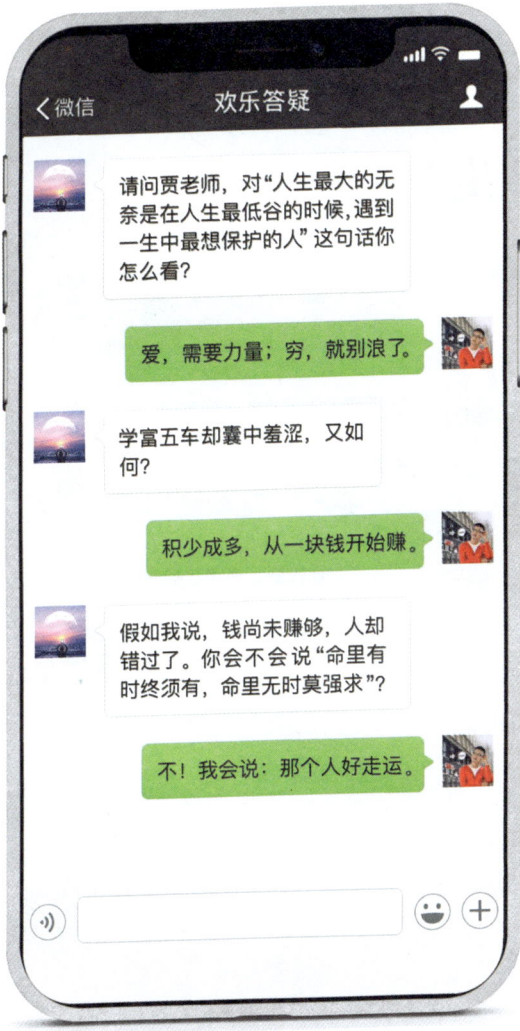

> 请问贾老师,对"人生最大的无奈是在人生最低谷的时候,遇到一生中最想保护的人"这句话你怎么看?

爱,需要力量;穷,就别浪了。

> 学富五车却囊中羞涩,又如何?

积少成多,从一块钱开始赚。

> 假如我说,钱尚未赚够,人却错过了。你会不会说"命里有时终须有,命里无时莫强求"?

不!我会说:那个人好走运。

微点评 马斯洛(Abraham H. Maslow)的需求层次理论告诉我们:生理和安全感解决了,才有机会真正实现爱与归属。

013 前男友来信

微点评　分手即陌路，从此不相扰，请自重！

014 前女友来电

微点评　发生这种事儿之后，你还留着她的联系方式，是准备过清明节吗？

015 去行动中检验

微点评 实践是检验真理的唯一标准。
另外,请重读《小马过河》的故事。

016 借口

情感

微点评　其实,遇到这种情况,你可以试着问一下:
那我怎样做,你会觉得没有压力呢?
也许,你得到的回答会是:不要再联系就行。

017 突然离开

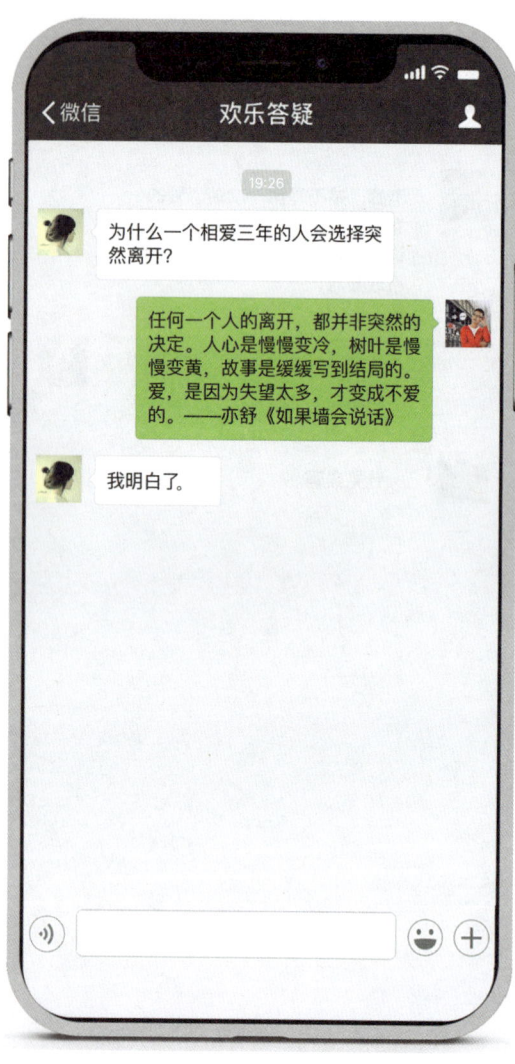

微点评　突然的背后是必然……

018 异地之痒

情感

> 我女朋友在其他城市,我要不要在这边再找一个?

> 这事 你需要和你女朋友商量量啊,也许很巧,她也正在考虑是否也再找一个。

微点评　无论恋爱还是交友,贵乎坦诚。

019 手机

微点评　脑补，某奶茶广告：这样，我就可以把你捧在手里……

020 要不要分手

微点评　天时地利人和,天时是第一位的。

021 双十一的影响

微点评 双十一快到了,你最希望打折的是什么?
女朋友的手……

022 随便

情感

微点评 为了应对这种假装"随便"的人,聚餐的时候,我们让每个人在十秒钟之内点一道菜,否则,算弃权。

023 花心

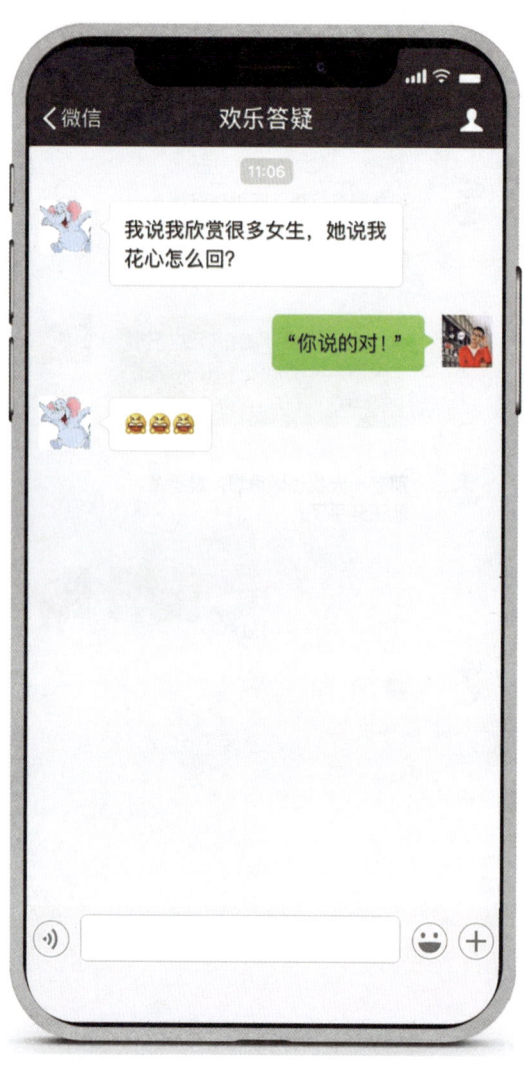

微点评 如果你欣赏的对象不仅仅是同龄的异性,我相信她不会这么判断。
另外,你哪来的勇气让她知道的啊?

024 病急乱投医

情感

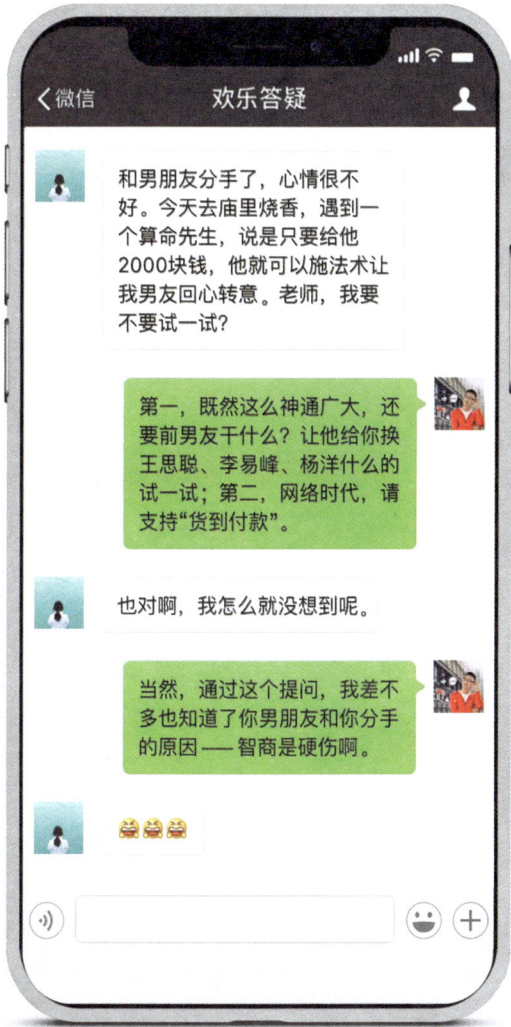

微点评 试想一下,大师如果真有那么神通广大,怎么可能让你遇上?

025 女友大十岁

女朋友比自己大10岁，我们会有未来吗？

据说，真爱可以跨越一切，你试一试吧。

父母不同意，你怎么看？

我和你父母一样，都是俗人啊。

……

微点评 真爱没有错，错的是世俗的眼光。父母可以理解真爱，但是不希望孩子爱得辛苦。

026 分手之后

微点评 其实,要不要和前任保持联系,你可以问问现任的态度。

027　表白之后

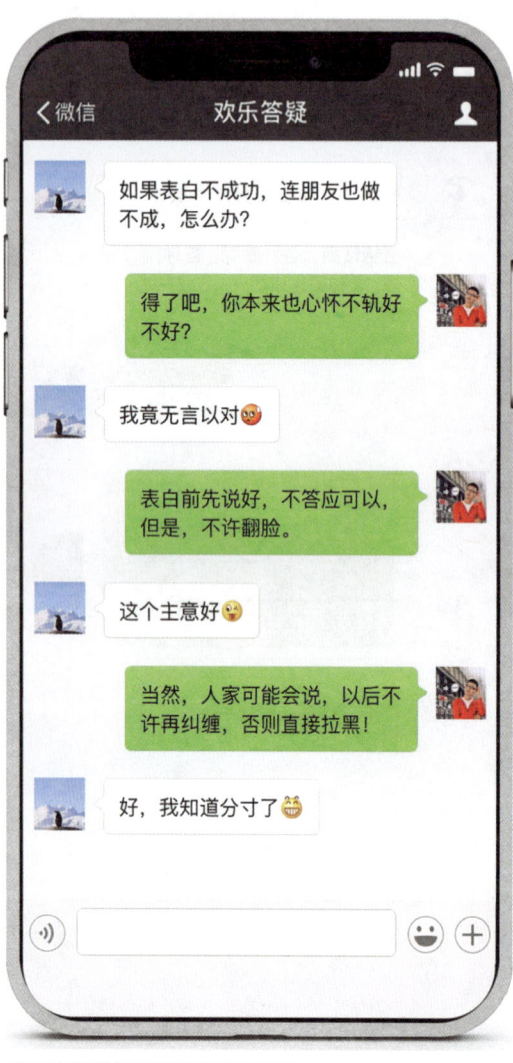

> 如果表白不成功，连朋友也做不成，怎么办？

> 得了吧，你本来也心怀不轨好不好？

> 我竟无言以对😳

> 表白前先说好，不答应可以，但是，不许翻脸。

> 这个主意好🤔

> 当然，人家可能会说，以后不许再纠缠，否则直接拉黑！

> 好，我知道分寸了😁

微点评　如何拒绝，是一个人的风度；如何看待被拒绝，是一个人的智商。

028 坚持的意义

微点评　假如方向是错的，再努力地坚持，又有什么用呢？所以，有些事儿，努力之后，就要认命。

029 助人脱单

微点评　没办法,我总是这样擅于发现别人的职业优势。

030 单身女硕士

微点评　难道这真的是所谓的知识改变命运?

031 选择

微点评　目标导向：
1. 无论嫁给谁，你期待的幸福生活是什么样的呢？
2. 哪个人会让你距离那样的生活更近呢？

032 异地恋

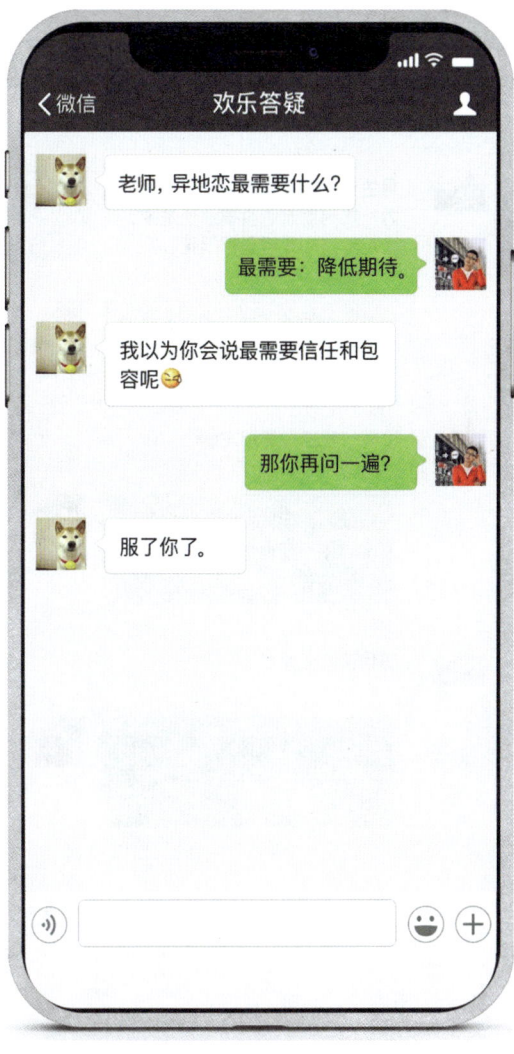

微点评　这就是后现代主义的观点：解决问题的方法在来访者那里。

033 选择与行动

微点评 有了选项再比较,切记!

034 选择与承担

微点评 和父母朝夕相处这么多年,他们的择婿标准和底线你是最清楚的。既然敢选择一个他们看不上的人,就说明,你还是有勇气去面对必然的结果的。

035 缘起缘灭

> 5年前他喜欢我，我拒绝了。5年后我和他说我喜欢他，然后他说自己只是那个时候喜欢我，是什么意思？

> 茶已凉，珠已黄。

> 可是，我现在有点喜欢他。

> 当初，你爱搭不理；现在，你高攀不起。

微点评 也许真正的原因是：5年时间，他成熟了，而你老了。

036 关于礼物

情感

微点评 从原始社会的分工开始,男人就需要用带回的猎物讨女人欢心。
后来,那些带不回猎物的,在进化过程中逐渐被淘汰了。

037 暗恋室友

微点评　无论是什么样的爱恋,两情相悦才是最重要的。既然对方觉得不合适,那就请自重。

038 男友拎包

微点评 所以,你知道男生为什么会给女生买那种特别贵的包了吗?

039 无所谓

老师,那些之前和我相亲过的人都纷纷结婚生子了,我前男友也是。这种情况下,我是不是该伤心一下?

> 一下不够吧?

其实,无所谓,我觉得一个人也挺好的。

> 这是一种洒脱?还是一种自我安慰?

😂您怎么看出来的?

> 真正的无所谓,是不会关注,更不会表达的。

微点评 很多时候,过分强调无所谓,恰恰是欲盖弥彰。

040 喜欢与爱

微点评　喜欢一个人：享受优点，挑剔缺点。
　　　　　爱一个人：享受优点，包容缺点。

041 想复合

微点评　还君明珠双泪垂,恨不相逢未嫁时。 此刻,你已经没有资格再爱他了。

042 牵手之后

> 喜欢的男生牵了你的手,摸了你的头,但是之后的两天没有找过你,是什么意思?

> 洗手去了。

微点评　哎,你这是单身太久了,牵了一次手,连孩子上哪个幼儿园都选好了吗?
另外,你需要问的人是他啊。

043 生日

微点评 谈恋爱,谈恋爱,重要的就是"谈"。自己需要什么样的爱,为什么不说呢?

044 勇敢说不

> 为什么对于别人的过分要求,总不敢说"不"?

> 对于懂你的人来说,一个合理的"不"字,是彼此的双重尊重。对于不懂你的人来说,一个干脆的"不"字,是永绝后患。有时候,一次好的结束,反而是一次新的开始。——《这世界偷偷爱着你》

> 谢谢老师,太赞了!

微点评 别不好意思拒绝别人,真正对你好的人是不会为难你的。

045 醒醒吧

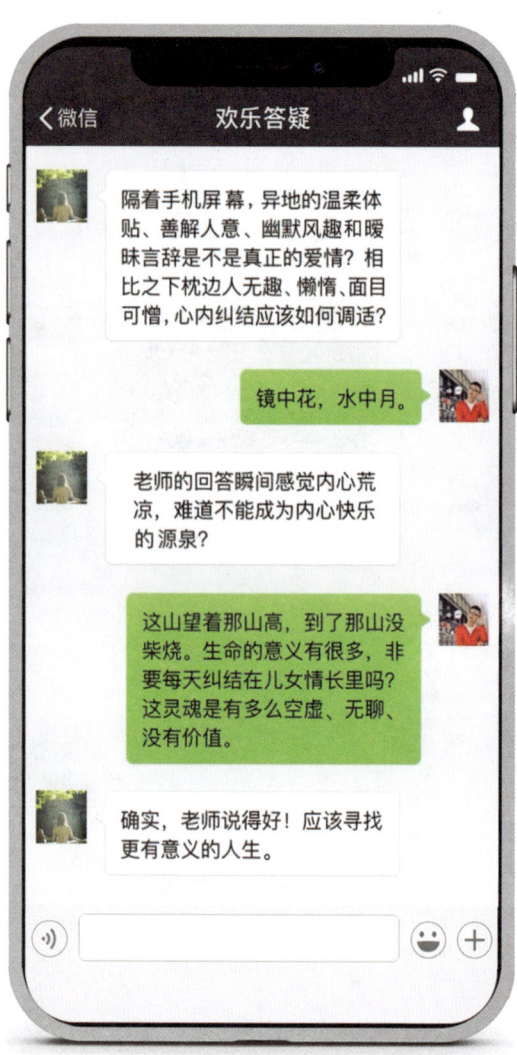

隔着手机屏幕,异地的温柔体贴、善解人意、幽默风趣和暧昧言辞是不是真正的爱情?相比之下枕边人无趣、懒惰、面目可憎,心内纠结应该如何调适?

镜中花,水中月。

老师的回答瞬间感觉内心荒凉,难道不能成为内心快乐的源泉?

这山望着那山高,到了那山没柴烧。生命的意义有很多,非要每天纠结在儿女情长里吗?这灵魂是有多么空虚、无聊、没有价值。

确实,老师说得好!应该寻找更有意义的人生。

微点评　抓到手里的,才是幸福。

046 算命先生说

微点评　你若真信,那就行动吧!
另外,问一下先生,是以出生地为准,还是以祖籍为准。

047 说话文明点

微点评 换位思考：假如你的现任说他想和前女友出去旅游，你会做何感想？

048 心跳

微点评 老师,我梦想的爱情,就是心跳加速的我,正好遇到手足无措的他。
这就是你一直单身的原因?

049 妄自菲薄

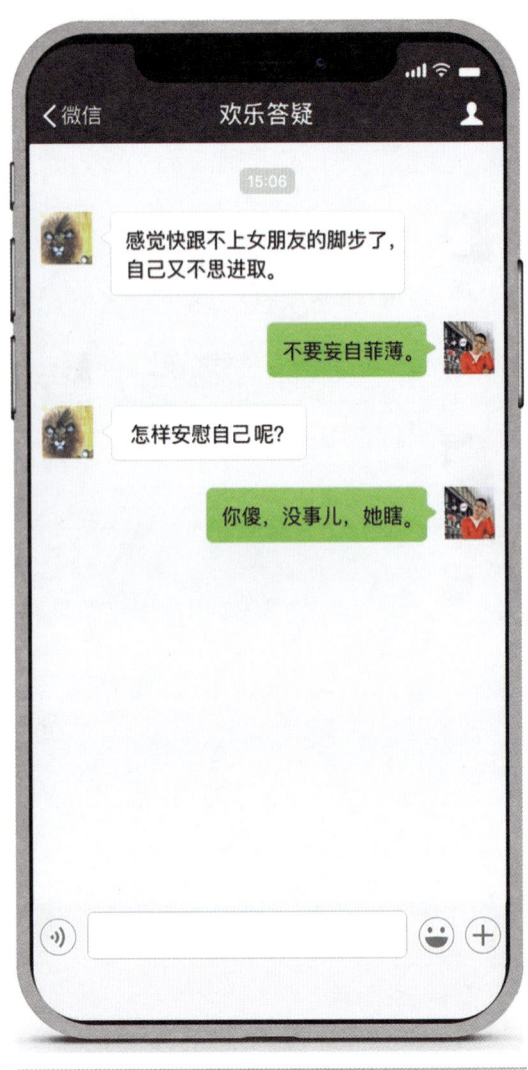

微点评　总觉得自己配不上男朋友。
　　　　也许，他就喜欢你这种没见识的样子。

050 网恋

情感

微点评　网络时代,"货到付款"和"七天之内包退换"等设置特别重要。

051 谁变了?

微点评 星星还是那个星星,月亮为什么不再是那个月亮? 是星光不够闪耀了? 还是你的双眼被雾霾遮住了?

052 小三

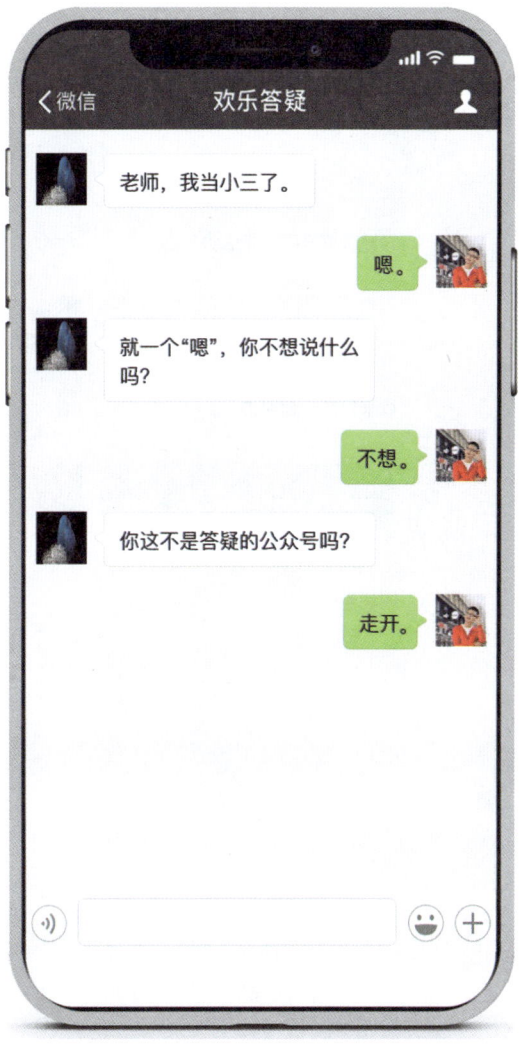

微点评　不妻不妾，兼偷兼妓，既然选择堕落，你能有什么困惑？ 这是一个有原则的公众号。

053 异地之苦

异地恋好辛苦,怎么办?

要么结束异地,要么结束恋。

看来只能一起努力了。

至少有共同的目标了:为了能在一起!

谢谢老师。

微点评　夫妻同心,其利断金。

054 爱情与三观

情感

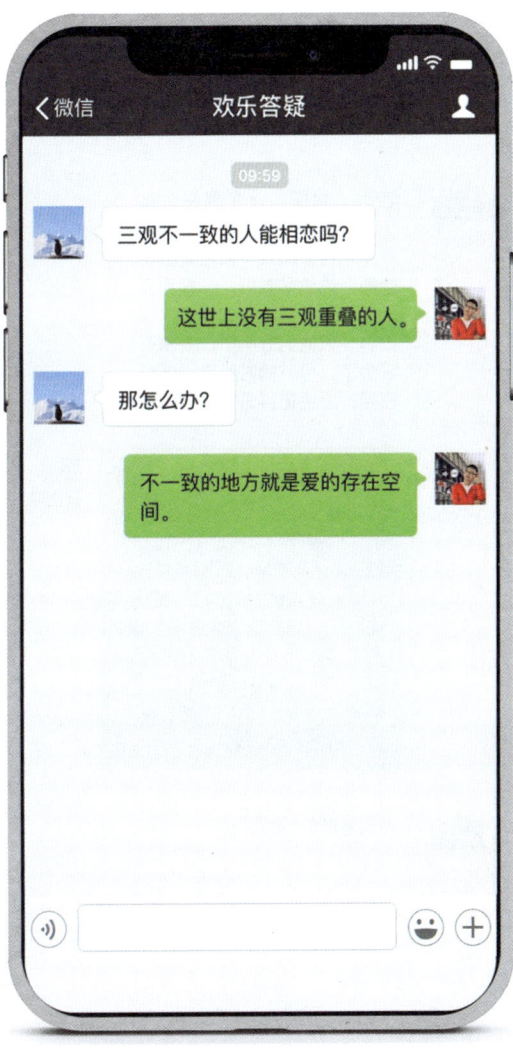

微点评　因为爱，所以求同存异；
因为爱，所以迁就包容。
爱是恒久忍耐又有恩慈。

055 换位思考

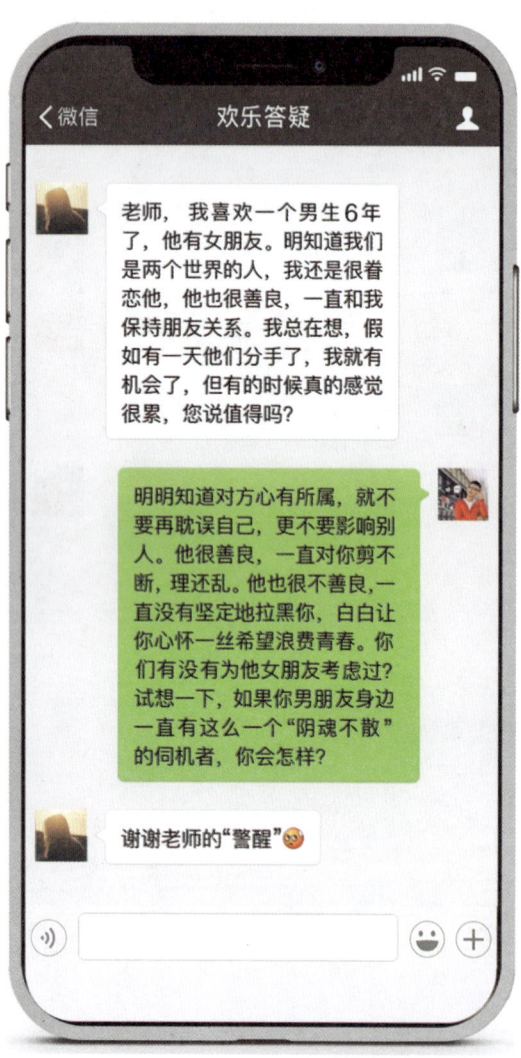

微点评 坦然的拒绝,虽然一时痛苦,但是,可以永绝后患。
虚与委蛇,貌似善良,却如钝刀割肉,让人痛楚不断。

056 前男友是渣男

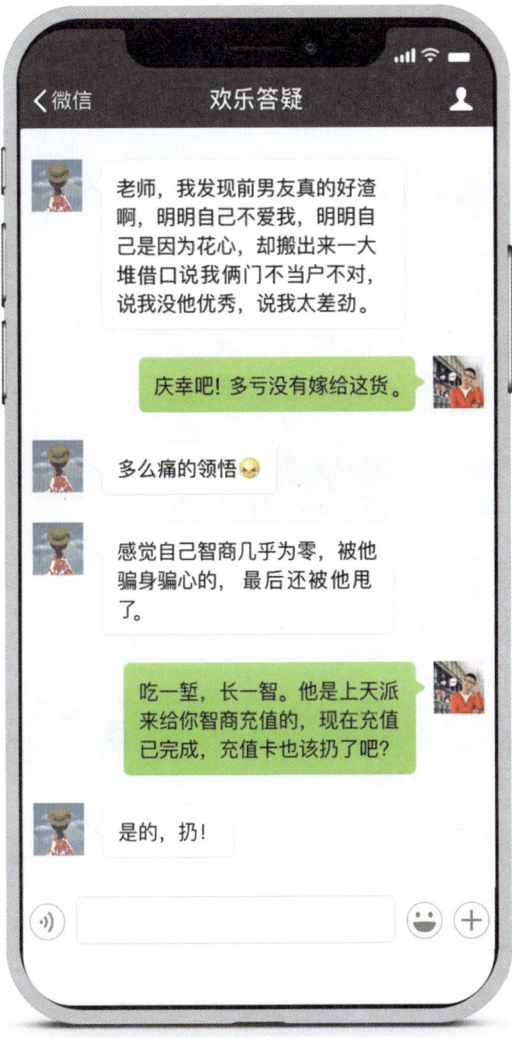

微点评　影响我们的并不是事情本身,而是我们对事情的看法。

057 要脸

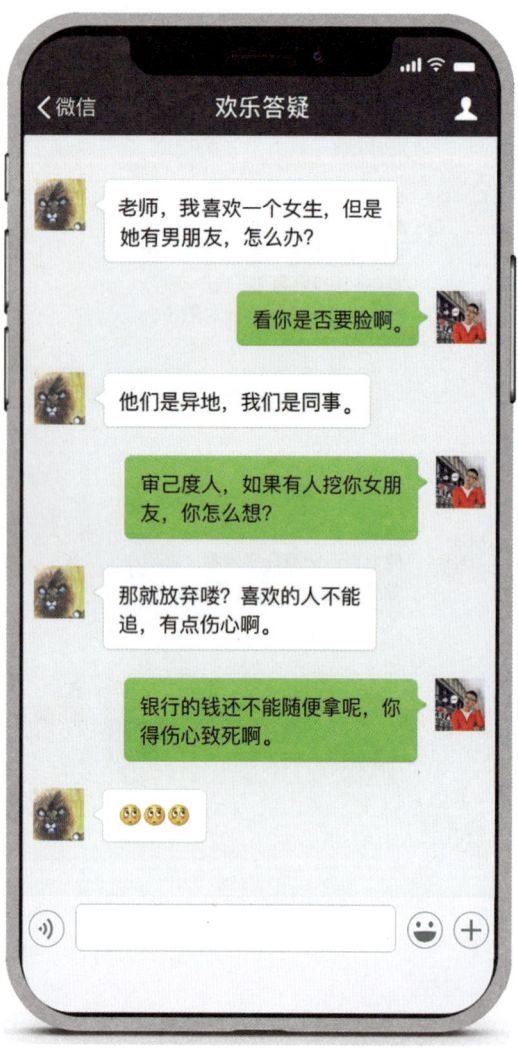

微点评　人类和动物的根本区别就是，动物只能被本能驱使，而人类可以发乎于情，止乎于礼。

058 还等什么?

微点评　莫道君行早,更有早行人。 赶紧去吧,年轻人。

059 想太多

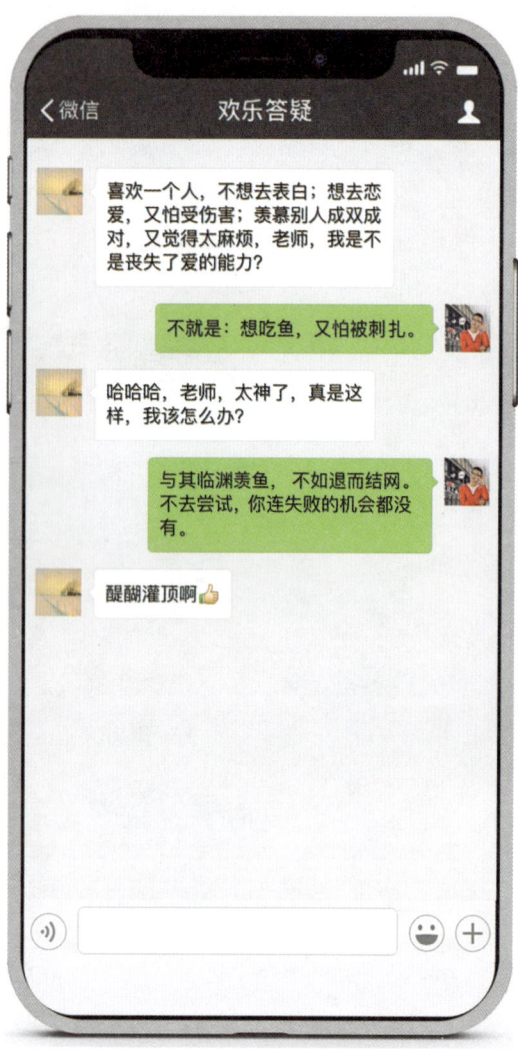

> 喜欢一个人,不想去表白;想去恋爱,又怕受伤害;羡慕别人成双成对,又觉得太麻烦。老师,我是不是丧失了爱的能力?

> 不就是:想吃鱼,又怕被刺扎。

> 哈哈哈,老师,太神了,真是这样,我该怎么办?

> 与其临渊羡鱼,不如退而结网。不去尝试,你连失败的机会都没有。

> 醍醐灌顶啊👍

微点评 过于投入过去和担忧未来,都是逃避现实的表现。

060 喜欢什么

微点评　很多事儿不能想太多。

061 朋友之分

微点评　关系即距离,普通朋友和男女朋友的区别就在于距离的远近。

这距离,意味着关注点、话题、依恋的程度。

062 吃一堑长一智

微点评 你若没有底线,对方就会蹬鼻子上脸。

063 忆苦思甜

微点评　有句话叫作:知道你过得不好,我就放心了。

064 被表白

微点评 其实,还是没看上,对吧?

065 自寻烦恼

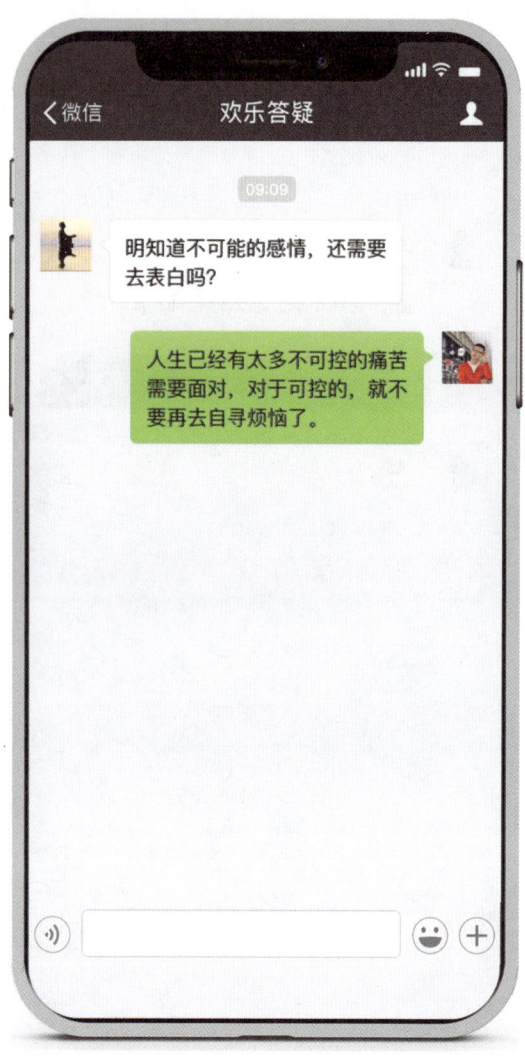

> 明知道不可能的感情,还需要去表白吗?

> 人生已经有太多不可控的痛苦需要面对,对于可控的,就不要再去自寻烦恼了。

微点评 记得《红楼梦》里,警幻仙姑曾道:春梦随云散,飞花逐水流;寄言众儿女,何必觅闲愁。

066 生日送手机

微点评　活在当下，活在当下，活在当下！ 重要的事情说三遍。
其实，在选择送你礼物之前，他也已经想清楚了。

067 人无完人

微点评 内心萌外表也萌的,恐怕你会觉得幼稚。内心高冷外表也高冷的,怎么可能搭理你?

068 感恩的心

微点评　敲黑板！看到了吗？男孩子们，这就是学习的重要性！

069 撩学长

微点评 后现代主义取向技术——聚焦目标。

070 韩剧与现实

情感

微点评　在精神障碍的诊断中,有两个典型症状:关系妄想和自知力丧失。

071 安慰单身狗

13:15

怎样劝一个人别找对象?

游戏不好玩?手机不好玩?猫不萌?狗不可爱?小说看完了?电影看完了?电视剧追完了?游戏全打第一了?钱赚够了?有这么多事情可以做,你没事儿找事儿找个对象给自己添堵?

Get!

微点评　——你为什么不同意我找对象?
　　　　——你要是找对象了,谁和我合租啊?
　　　　所以,我不知道这个提问者,是什么居心。

072 没有礼物

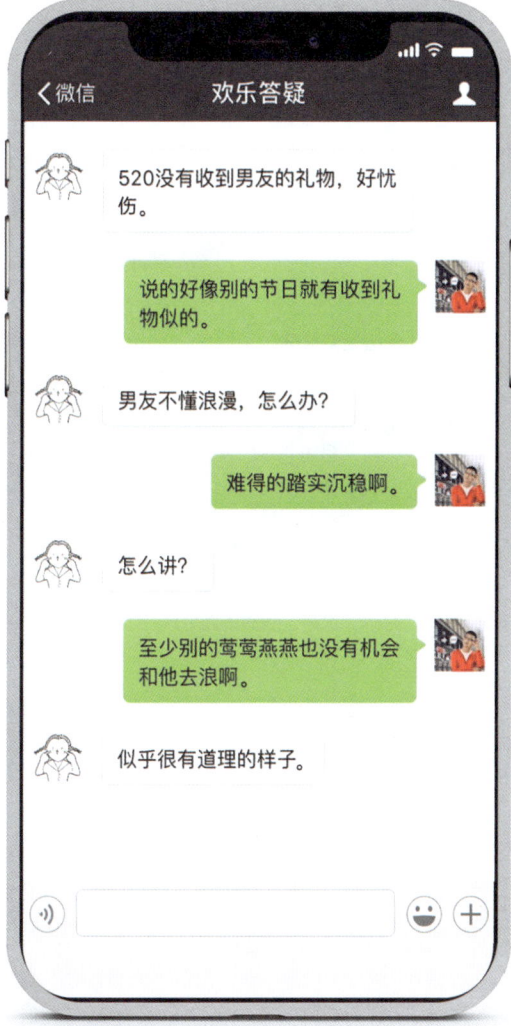

微点评　人无完人，除了浪漫，他一定有别的优点在吸引你。所以，人不能贪心。

073 心理平衡

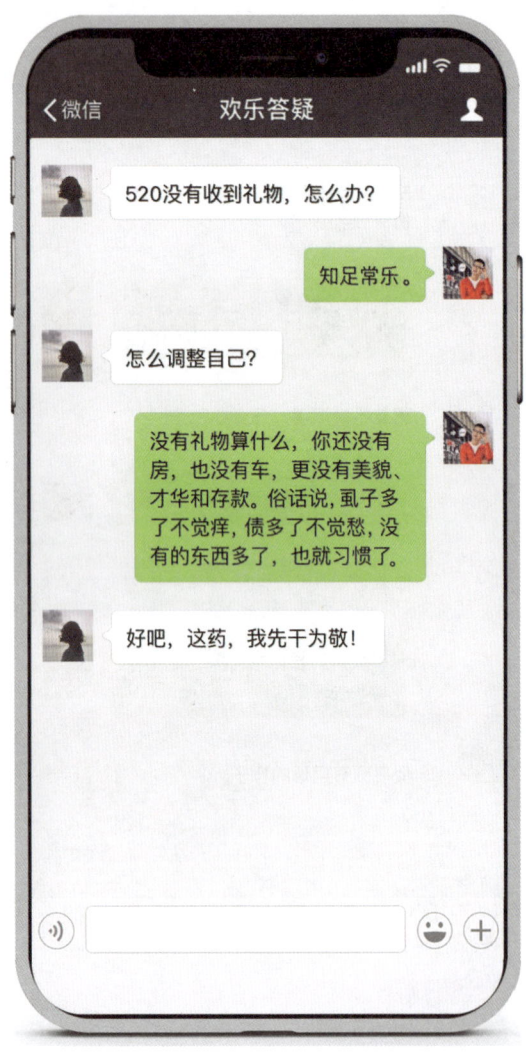

微点评　君未成名我未嫁，思来俱是不如人。好好珍惜，不要作。

074 闲的

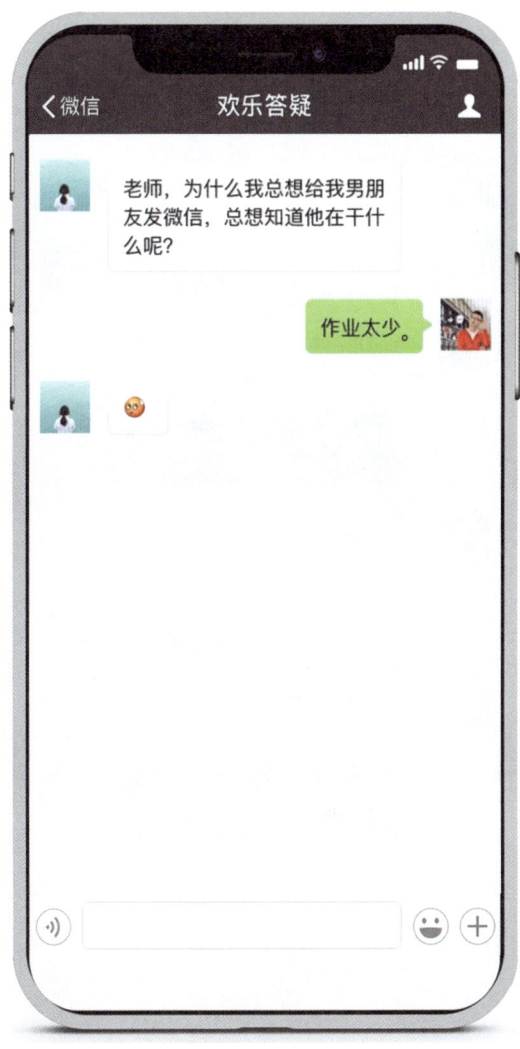

微点评 大多数男生遇到这样的女生,会被吓走的。

075 矜持

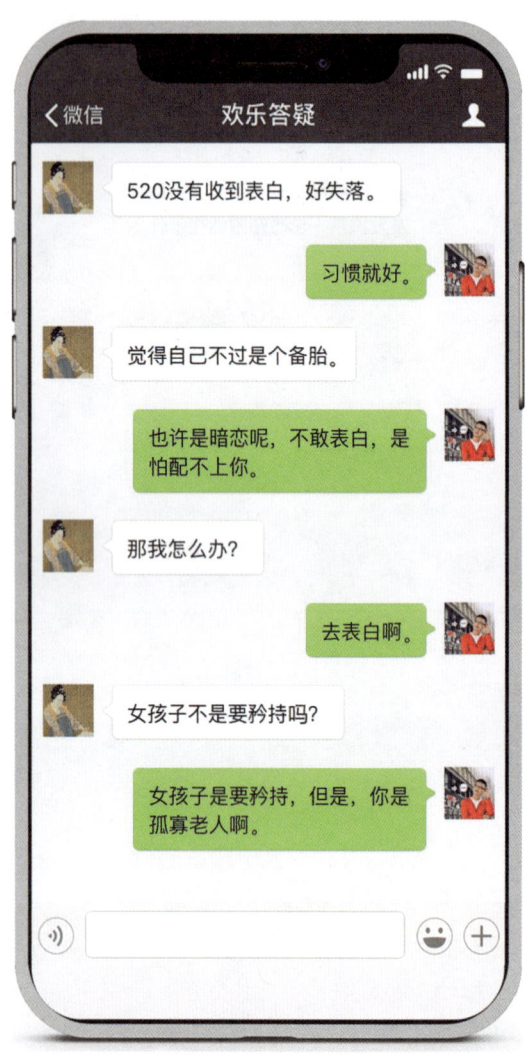

微点评 我觉得有必要强调一下：男女平等。

076 秀恩爱

微点评　理解万岁!

077 备胎

微点评　所以,你是继续满怀希望与期待呢? 还是果断放手去寻找真爱?

078 学生时代

微点评　关键是，我赞同与否有什么意义呢？

079 迷失自我

微点评　不入虎穴，焉得虎子。爱需要勇气。

080 忘掉一个人

微点评　本节知识点：艾宾浩斯遗忘曲线（The Ebbinghaus Forgetting Curve）。
另外，有时候，替换文件比删除文件会更彻底。

081 难得糊涂

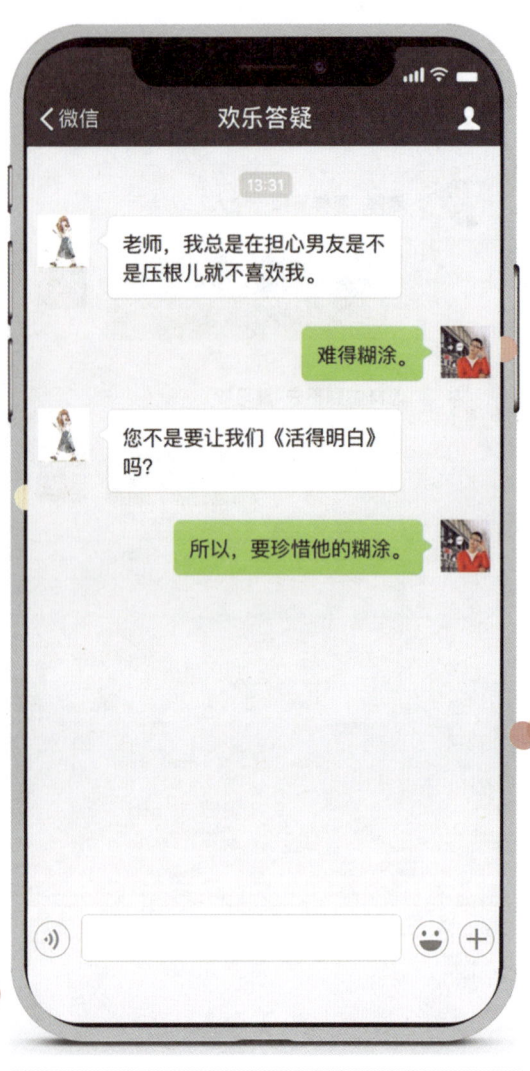

微点评 看言行,看感受,看他对你的与众不同。
勿猜忌,勿矫情,想好最坏结果大胆往前走。

082 系统回复

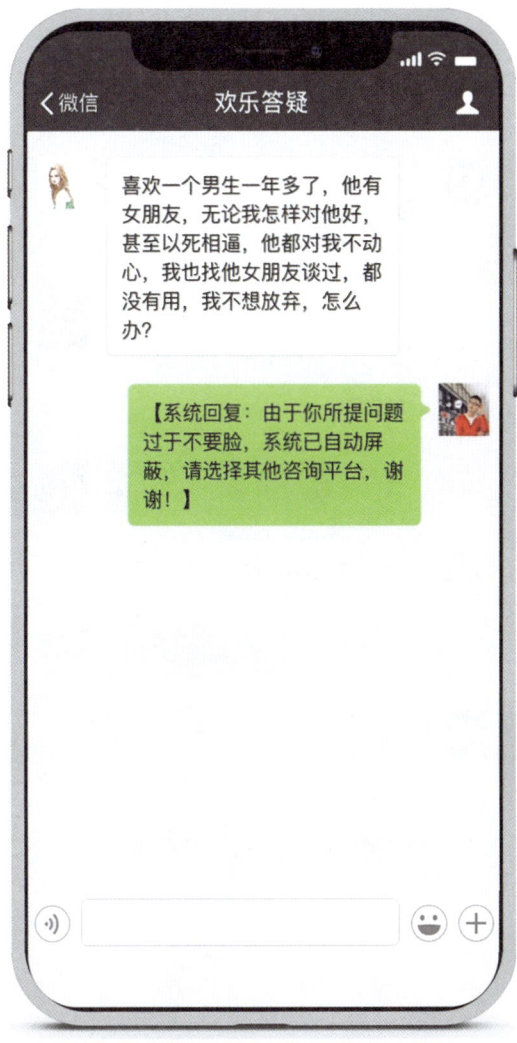

喜欢一个男生一年多了，他有女朋友，无论我怎样对他好，甚至以死相逼，他都对我不动心，我也找他女朋友谈过，都没有用，我不想放弃，怎么办？

【系统回复：由于你所提问题过于不要脸，系统已自动屏蔽，请选择其他咨询平台，谢谢！】

微点评　人类和动物的区别就是：除了本能，我们还有廉耻。

083 纹身

微点评 据说,纹身师最火的业务是修改原图。

084 夫妻之间

微点评　十几年过去了,日子还能照过,就说明给的并不算多。 不痴不聋,不做家翁。

085 想骂前男友

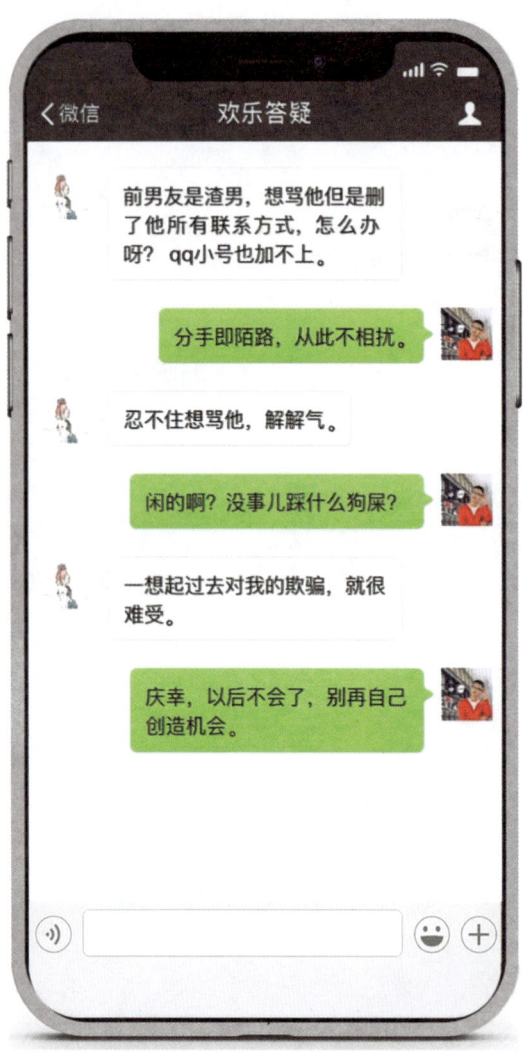

微点评　渣男，带给我们痛苦，也提高了我们的智商。其实，我们不能原谅的是那个曾经犯傻的自己。逝者已矣，来者可追。

086 愚人节的告白

微点评 不知道从什么时候开始,似乎除了清明节,所有节日都被过成了情人节。

087 香水

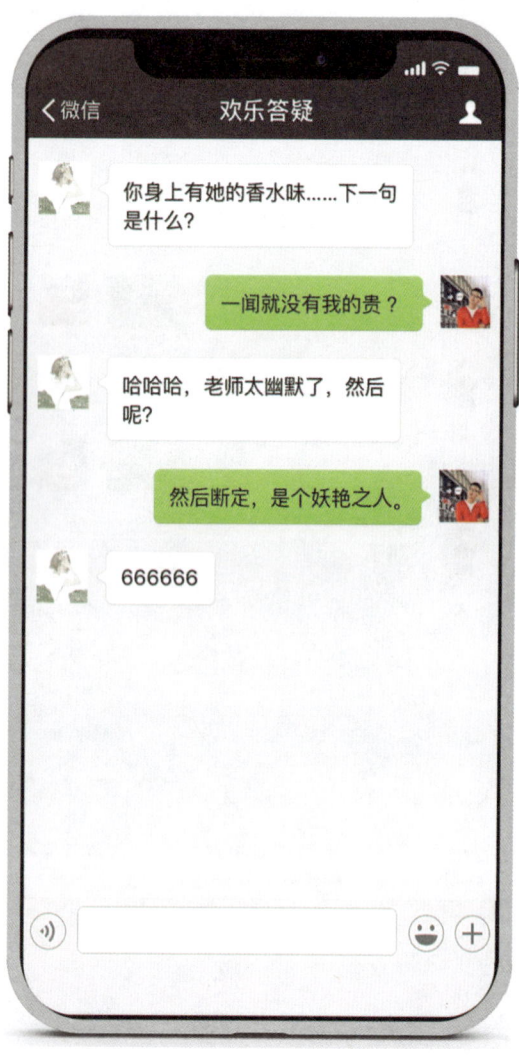

微点评 其实应该是：你身上有她的香水味，看我不打断你的腿……

088 单身与爱情

微点评 现实中,很多人保持单身,往往不是因为不懂爱情,恰恰是因为懂得太多太多。

089 分手后怀孕

微点评　冤有头，债有主。

090 大学和社会

微点评　围栏里都打不到猎物,野地里更难吧?

091 分手后的思念

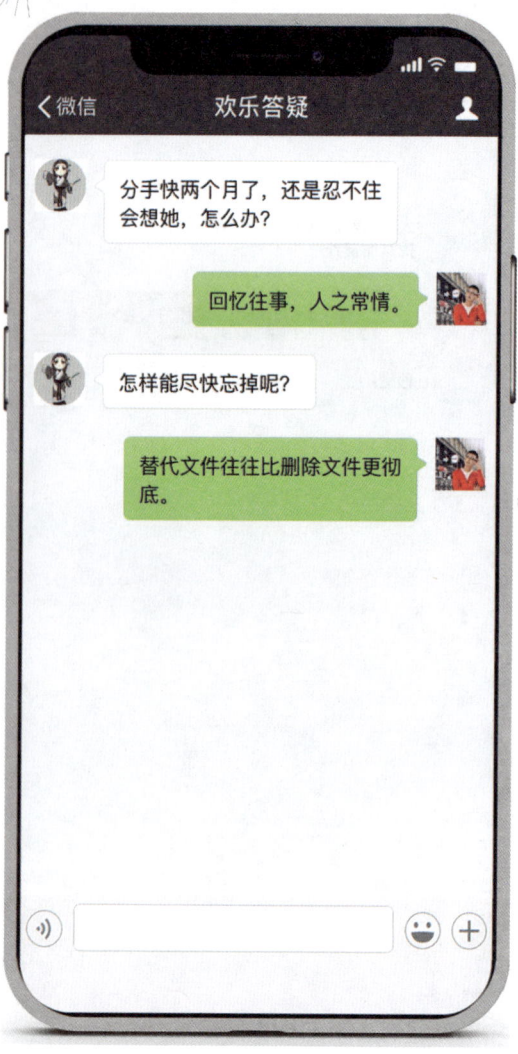

微点评 学过的单词为什么很容易忘记？因为，没有及时复习；经历过的事情为什么历历在目？因为，你不停地在回忆。所以，最好的方法就是转移注意力，停止"复习"。

092 男生不结婚

情感

微点评 马行无力皆因瘦,人不风流只为贫。

想起一则卖房广告:你和丈母娘的距离只差一套房,没有房只能叫阿姨。

093 无法相比

微点评　痴心父母古来多，孝顺儿孙有几个？

094 分手之后

微点评 忘不掉的是甜蜜，心里恨的是背叛。事有两面，分开来看。

095 在乎与否

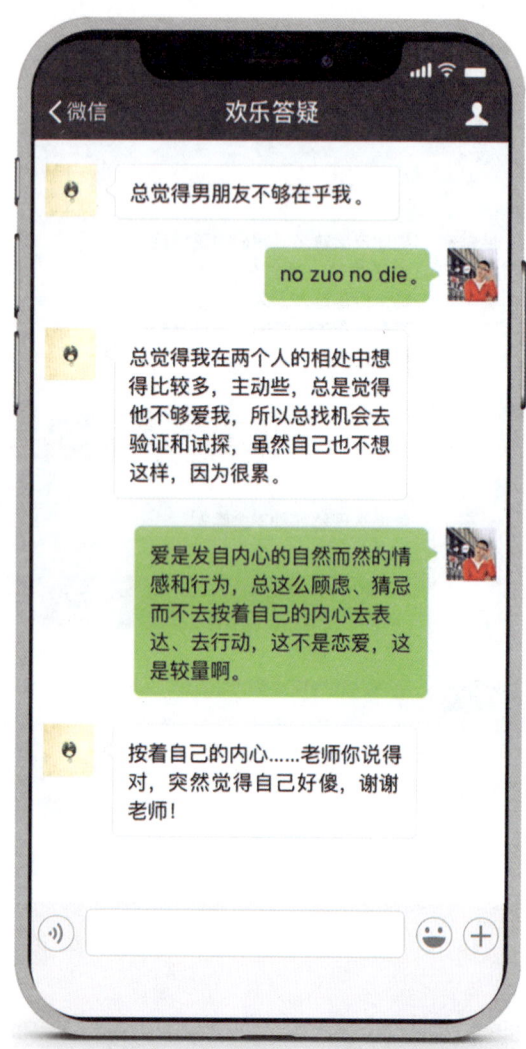

微点评 其实,可以问问自己:我要的在乎是什么? 具体要求有哪些? 我有没有明确告诉过他?

096 婕妤挡熊

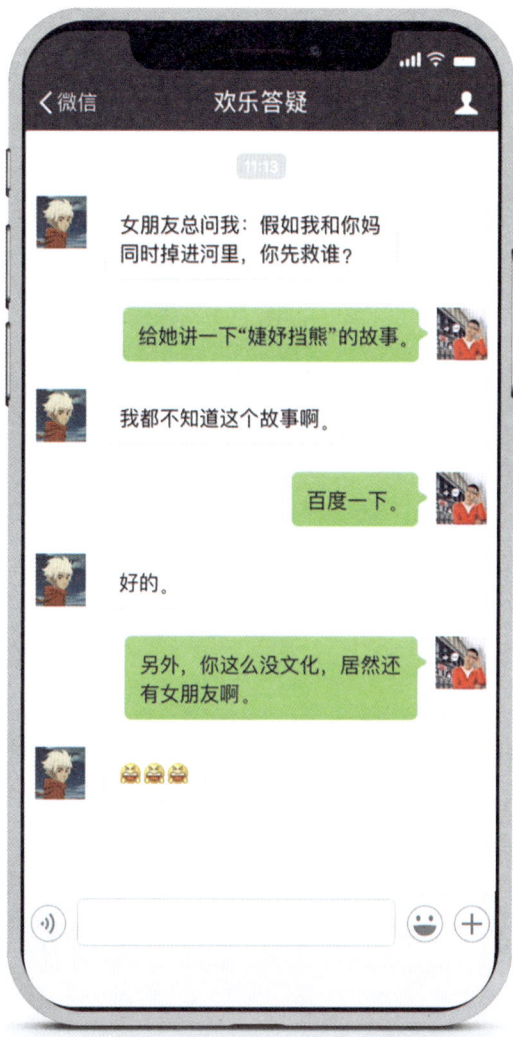

微点评　可以反问：假如我和你爸同时掉进水里，你会先救谁？ 另外，家里有男孩的妈妈，还是去学游泳吧。

097 喜新厌旧

微点评 从来只有新人笑,有谁听到旧人哭?

098 吃醋

微点评 建议你们拍一部电视剧——《女王的后宫》。

099 节外生枝

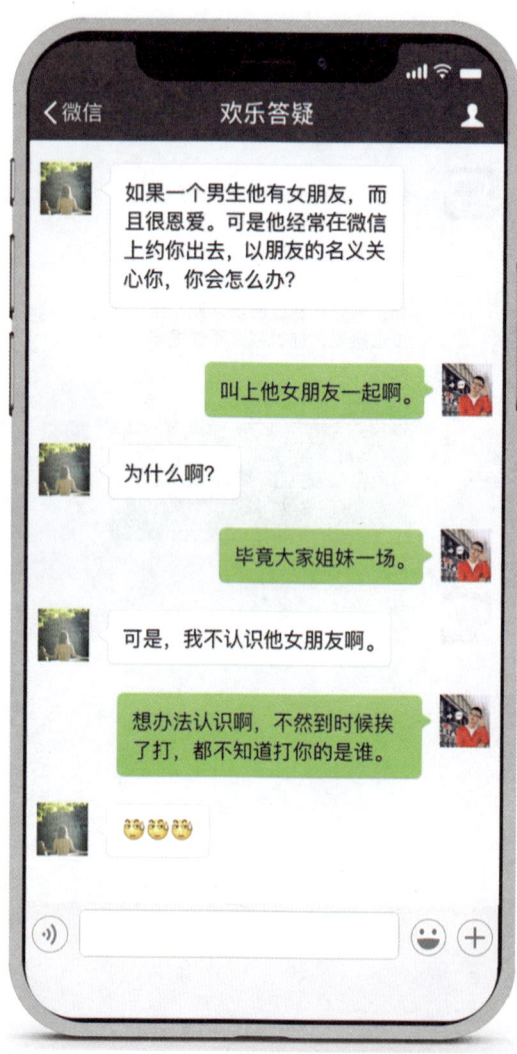

微点评 良好的关系就是维持恰当的距离,所以,请自重。

100 学习与恋爱

微点评　为了跟你分个手,人家容易吗?

101 爱上大叔

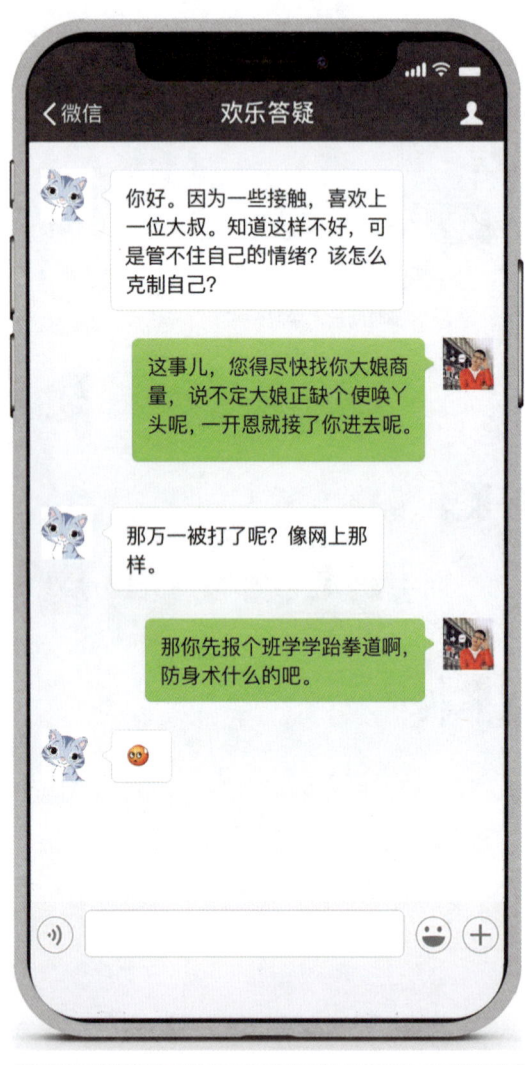

> 你好。因为一些接触,喜欢上一位大叔。知道这样不好,可是管不住自己的情绪?该怎么克制自己?

> 这事儿,您得尽快找你大娘商量,说不定大娘正缺个使唤丫头呢,一开恩就接了你进去呢。

> 那万一被打了呢?像网上那样。

> 那你先报个班学学跆拳道啊,防身术什么的吧。

微点评 其实,这个世界上需要关爱的单身大叔还有很多啊,为什么非要惦记别人家的呢?

102 一天与一年

微点评　论了解全面信息的重要性。

103 牛郎与织女

微点评 这个故事告诉我们：结婚时不考虑现实条件的爱情，只能存在于神话中。

104 丈母娘

微点评　　所以,房地产开发商应该多拜一拜王母娘娘。

105 婚姻与爱情

微点评　其实,婚姻是对爱情的考验。

106 爱与被爱

微点评 其实,不舍的背后是贪婪,贪婪的背后是不安全感。

107 二选一

微点评 既然都不是最满意的,就趁早放生吧。

108 挖墙脚

> 喜欢一个人,约过几次,她有男朋友,感情也很好,我该不该继续和她保持感情?

> 那看你的目的了:是找女朋友还是找姘头?

> 肯定是想找女朋友啊。

> 那你面临的问题就是:如何化姘头为女友?

> 那就只有等,等他们分手了。

> 所以,你现在要考虑:他们分手了以后,你怎样保证你就是她的唯一了?

微点评 假如要检验她对你是不是真爱,可以想办法告诉她男朋友啊。
也许,你会惊喜地发现,你只是替补队员之一。

109 对爱人不满意

> 我对我的爱人很不满意,可是我还是很爱他,离不开他,为什么?

> 爱,如同吃鱼,享受鱼肉,避开鱼刺。

> 好吧,谢谢老师。

微点评 结婚后,就不要再挑剔彼此,正是因为对方的不完美,所以才选择了你。

110 爱由心生

微点评　假如是你从国外回来,你希望在机场看到什么?

111 男友去相亲

老师,我男朋友的爸妈特别不喜欢我,甚至趁我不在带我男朋友去相亲,我该怎么办?

放手吧!人生不易,何苦自寻烦恼?

微点评 去找周围的已婚人士采访一下:得不到父母支持的婚姻能有多幸福?

112 男朋友的心思

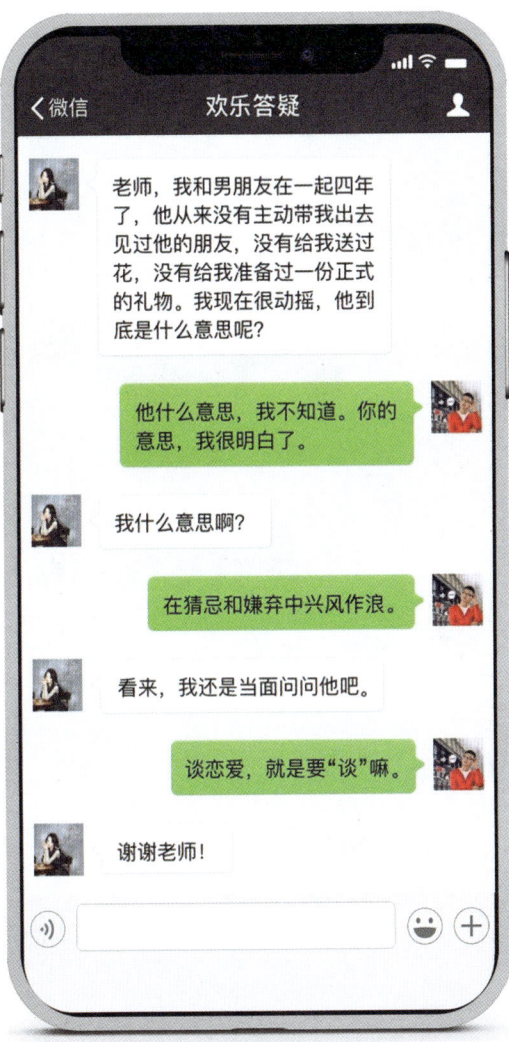

微点评 每个人表达爱的方式不一样,为了让对方少走弯路,还是直接表达为好。

113 阻止男生

微点评 很多人是不是看到了生财之道呢?
不过,还是先照照镜子吧。

114 女友赌博

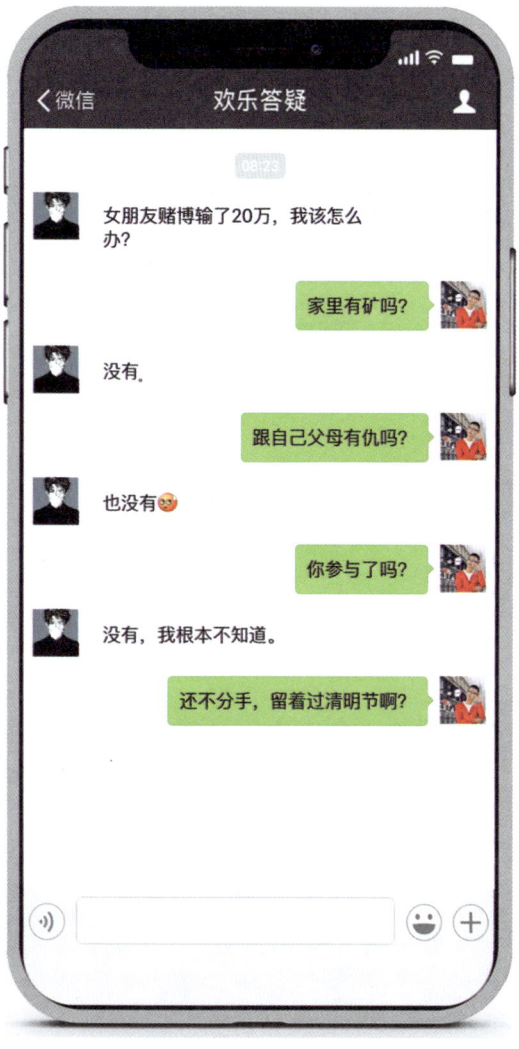

微点评 可以爱,但不要沦丧底线。

115 网恋与红包

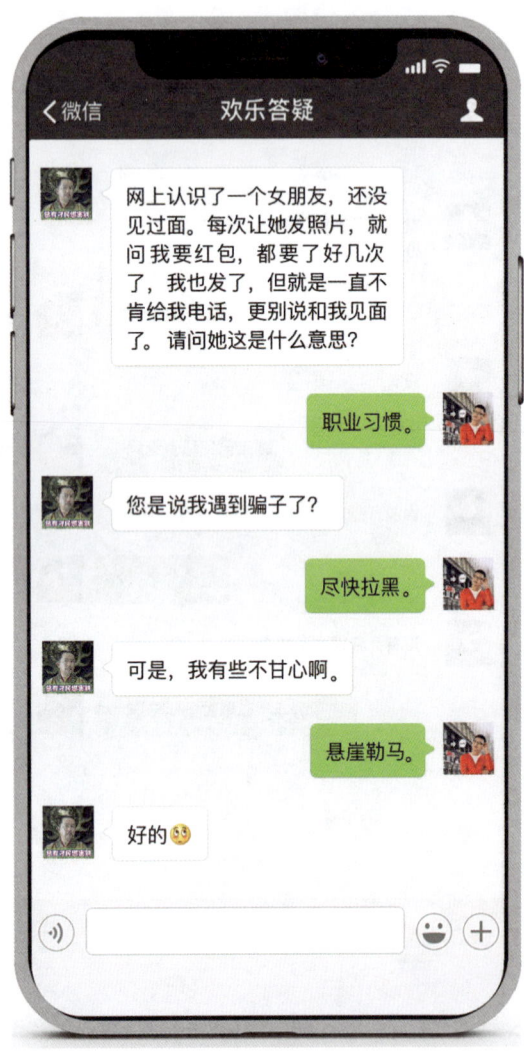

> 网上认识了一个女朋友,还没见过面。每次让她发照片,就问我要红包,都要了好几次了,我也发了,但就是一直不肯给我电话,更别说和我见面了。请问她这是什么意思?

> 职业习惯。

> 您是说我遇到骗子了?

> 尽快拉黑。

> 可是,我有些不甘心啊。

> 悬崖勒马。

> 好的😅

微点评 这就是传说中的人傻钱多吧?

116 找不到女朋友

微点评 要么提高实力,要么降低期待。

117 前女友来信

> 前女友有男朋友了,最近总偷偷给我发短信说想我了。

> 嗯,你很有魅力。

> 我该怎么办?

> 分手即陌路。

> 也许,她很怀念我呢?

> 不犯贱,就不会被作践。

> 谢谢老师。

微点评 这种女人,已经分手,你该感到庆幸。 如果你还不死心,那就是自取其辱了。

118 求助

微点评　第一步：明确目标（身高、体重、长相、职业、家庭背景、个人品质……）；
第二步：告诉所有你认识的人。

119 建议出国

微点评 可以说这也是咨询师爱国的一种表现了。

120 期待风雨

微点评　人啊,太容易得到,会觉得平淡无奇;太风风雨雨,又说累觉不爱……这么矫情,还是赏一丈红吧!

121 霸气回复

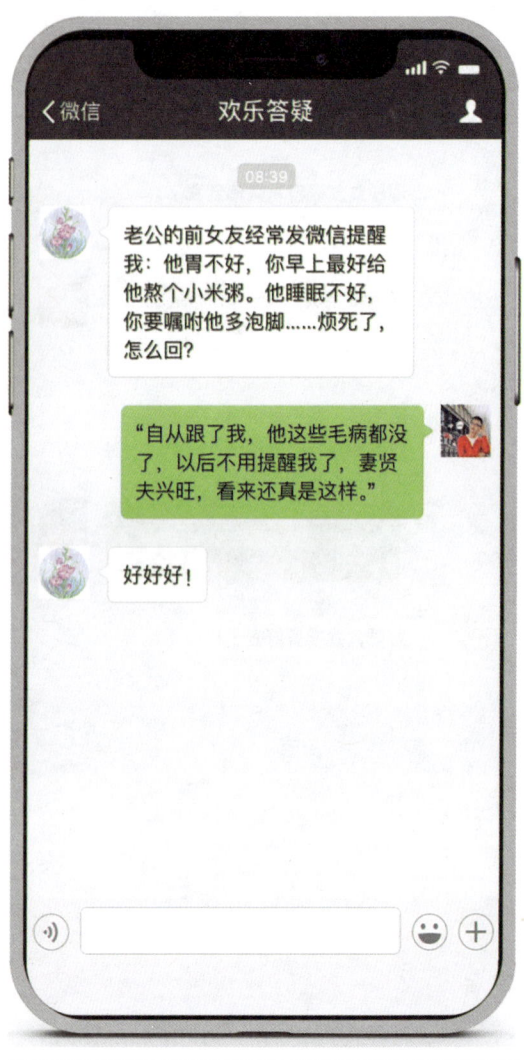

微点评 还有更霸气的回复：放心，我刚花了200万把他这些毛病都给治好了，或者，我问他了，他说那些毛病都是为了离开你装的。

122 换位思考

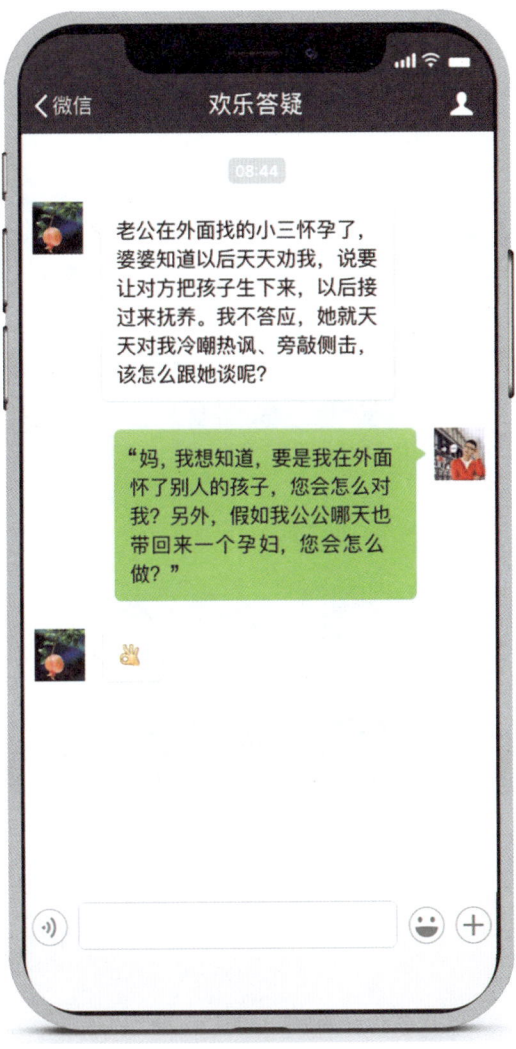

> 老公在外面找的小三怀孕了,婆婆知道以后天天劝我,说要让对方把孩子生下来,以后接过来抚养。我不答应,她就天天对我冷嘲热讽、旁敲侧击,该怎么跟她谈呢?

> "妈,我想知道,要是我在外面怀了别人的孩子,您会怎么对我?另外,假如我公公哪天也带回来一个孕妇,您会怎么做?"

微点评　换个角度,豁然开朗!

123 远嫁的挑战

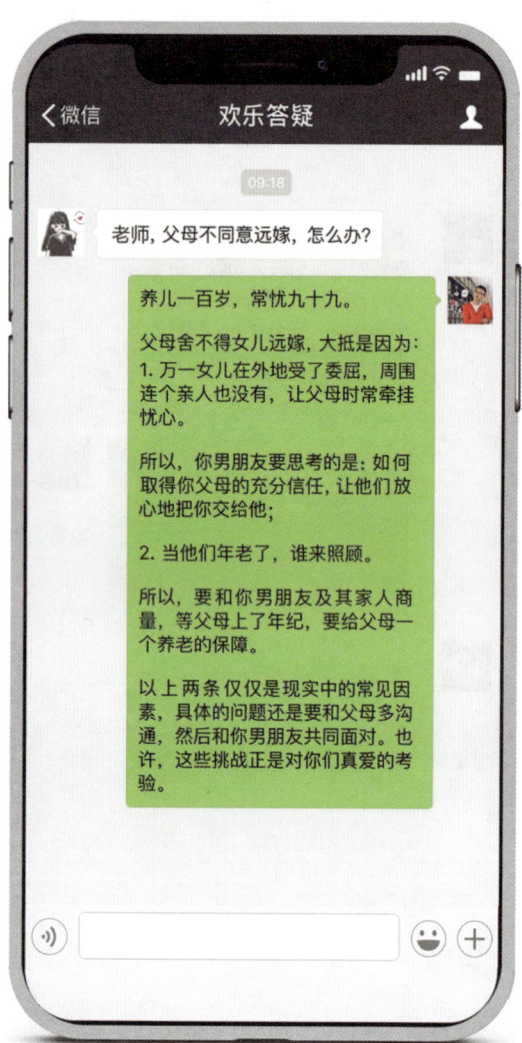

老师,父母不同意远嫁,怎么办?

养儿一百岁,常忧九十九。

父母舍不得女儿远嫁,大抵是因为:
1. 万一女儿在外地受了委屈,周围连个亲人也没有,让父母时常牵挂忧心。

所以,你男朋友要思考的是:如何取得你父母的充分信任,让他们放心地把你交给他;

2. 当他们年老了,谁来照顾。

所以,要和你男朋友及其家人商量,等父母上了年纪,要给父母一个养老的保障。

以上两条仅仅是现实中的常见因素,具体的问题还是要和父母多沟通,然后和你男朋友共同面对。也许,这些挑战正是对你们真爱的考验。

微点评 既然要共同面对一切,那就从赢得父母的支持开始吧。

124 表白被拒

微点评 如果爱，请深爱；如果不爱，请坦白。这才是尊重与不伤害。

125 大学生恋爱

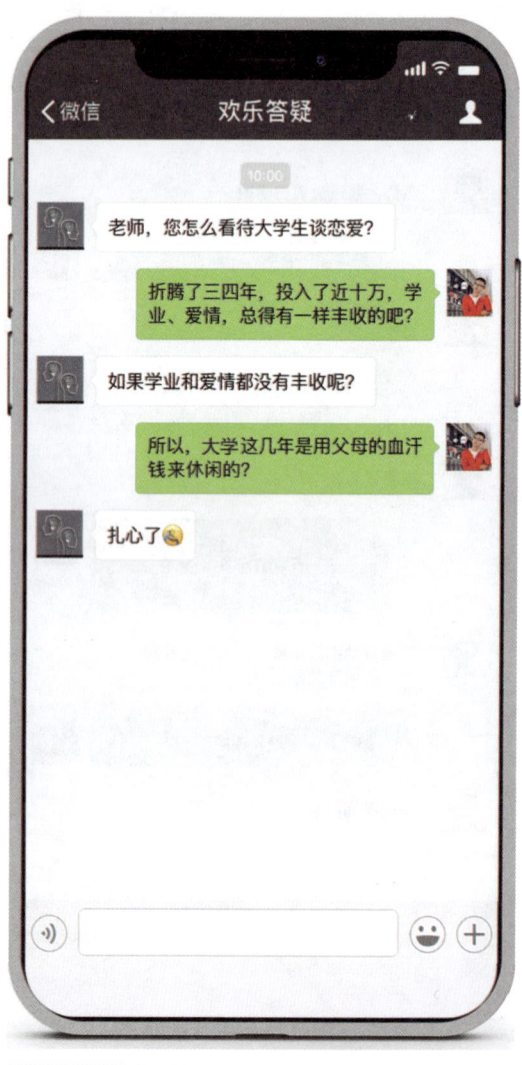

微点评　总比碌碌无为、无所事事强吧?

126 磨刀水

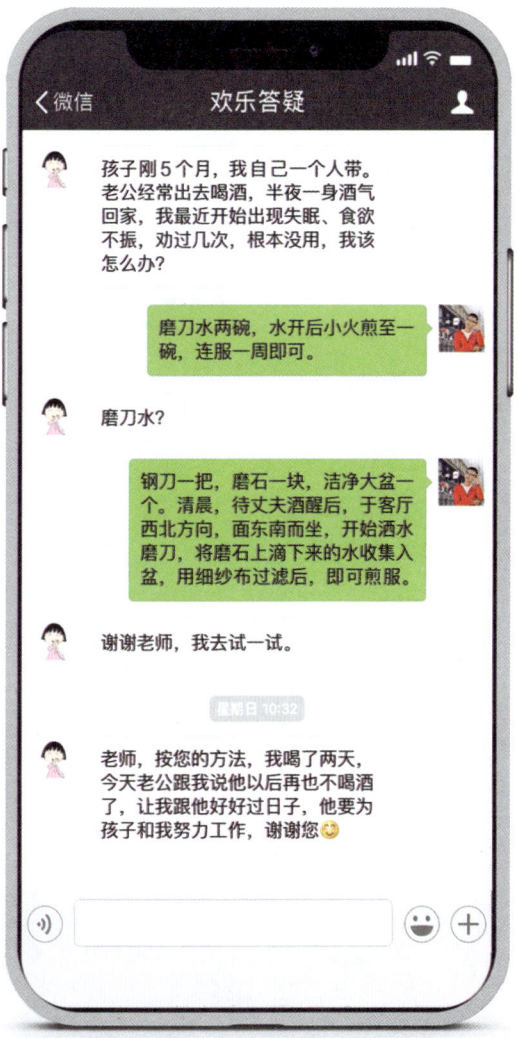

欢乐答疑

> 孩子刚5个月,我自己一个人带。老公经常出去喝酒,半夜一身酒气回家,我最近开始出现失眠、食欲不振,劝过几次,根本没用,我该怎么办?

> 磨刀水两碗,水开后小火煎至一碗,连服一周即可。

> 磨刀水?

> 钢刀一把,磨石一块,洁净大盆一个。清晨,待丈夫酒醒后,于客厅西北方向,面东南而坐,开始洒水磨刀,将磨石上滴下来的水收集入盆,用细纱布过滤后,即可煎服。

> 谢谢老师,我去试一试。

星期日 10:32

> 老师,按您的方法,我喝了两天,今天老公跟我说他以后再也不喝酒了,让我跟他好好过日子,他要为孩子和我努力工作,谢谢您😊

微点评 没有底线,何来尊重?

127 心里有数

微点评 自己心里有数,就能合理应对他人评价。

128 一见钟情

微点评　始于颜值，陷于才华，忠于人品。

129 三观与五官

微点评 五官决定了是否探讨三观,三观决定了是否一票否定五官。

130 实习司机

微点评 居然敢唠叨女司机,还是实习期的女司机,真的是活够了吗?

没有什么想不开
欢乐答疑500例

那么多人作弊,为什么只抓我?
不仅学习差,作弊技术也差

学习

001 不想去上课

微点评 一寸光阴一寸金，自己假期打工赚个学费就知道这句话的含义了。

002 考试紧张

微点评 只有两种人考试不受紧张情绪的影响,一种是艺高人胆大的学霸,一种是心态特别好的学渣。

003 专心学习

微点评　自控力的来源——清晰的目标,明确的奖惩。

004 理解万岁

微点评 其实,很多课程的安排,老师也很无奈。

005 学霸与学渣

微点评　有句话：你如今的气质里，隐藏着你走过的路、读过的书和爱过的人。

006 自我安慰

微点评 直说自己的想法不就行了吗？非要让我出手。

007 大四的安排

—— 大四了,是专心实习呢?还是好好学习把英语六级过了?

—— 如果不是因为懒,这两件事情并不冲突啊。

—— 老师😳

—— 你这么说,我好想找个地洞钻进去。

微点评 所以说,自控力是当下最稀缺的能力。

008 努力

微点评 现在最常见的一种"病":懒,还想得美。

009 相互爱护

微点评 这个时代，老师不被家长投诉和围攻已经算万幸了吧！

010 四级考试

微点评　其实，临近考试，还没有复习，那才是内心真正强大的人啊。
毕竟，很好地诠释了一个词：无欲则刚。

011 担心未来

> 每天都觉得要努力,但是总是拖延,没有动力,这样下去,很为自己的未来担心啊。

> 不用担心。

> 啊?为什么?

> 因为,你没有未来。

微点评 不虚当下,才能不惧未来。

012 学位证

微点评 从前,有一个人,在驾校混了四年,最后连个驾照都没有拿到。当然,你可以说,驾驶技术和驾照没有必然的联系。但是,没有驾照,你连开车的机会都没有啊。

013 上大学是否有用

微点评　所以，中考在改革，分数不够的人，档案直接发往技校。
　　　　所以，高校在改革，学校、学科都在进一步分层次。

014 自知之明

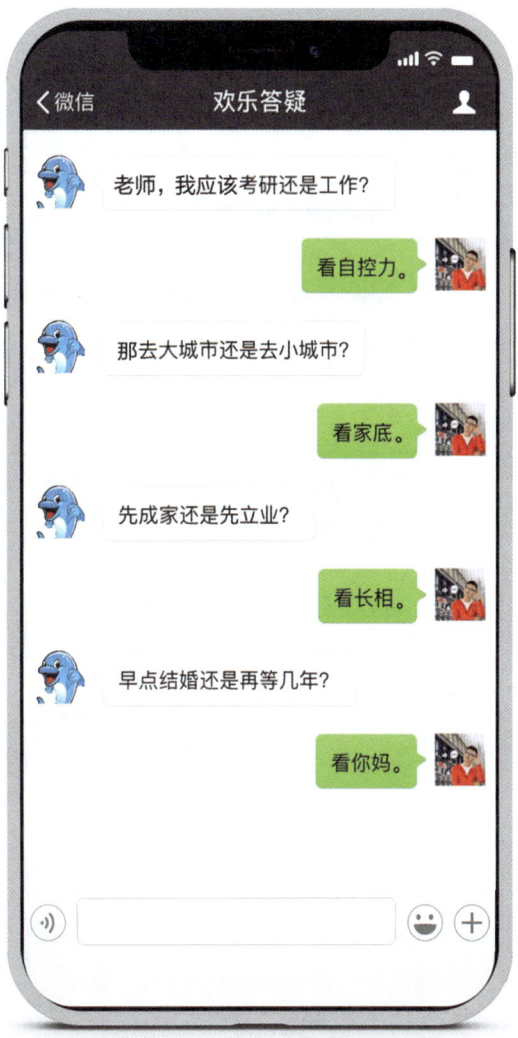

微点评 现实一点,真诚一点。

015 知足常乐

微点评　没有办法改变那些老师,我只能引导学生调整心态。
从此,"感恩的心"唱起来。

016 懒

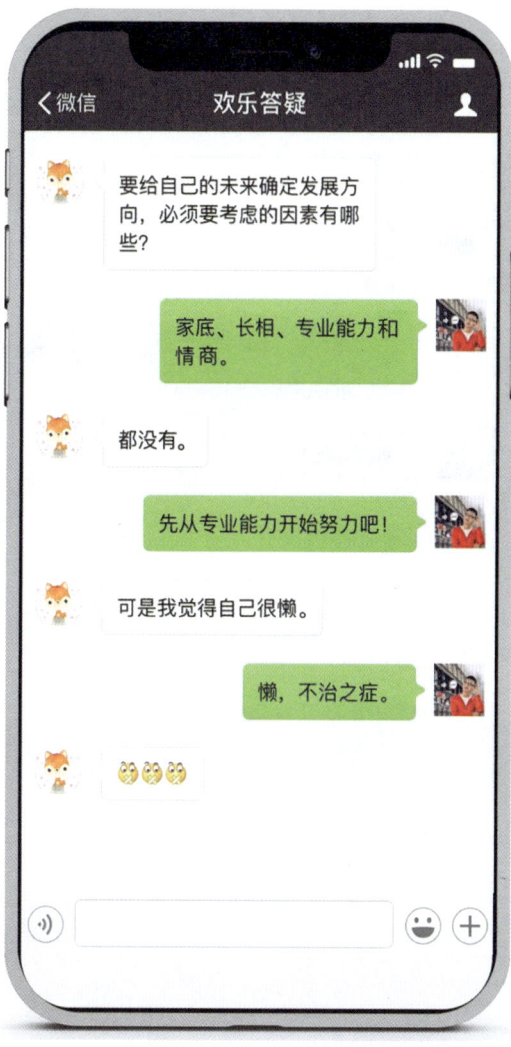

微点评 规划的前提是有行动力。

017 三本大学

> 在三本大学读书就一定比不上一本、二本的学生吗?

> 无论几本,最后拼的都是:自控力!

> 谢谢老师🙏

微点评 有志者,事竟成。 苦心人,天不负。

018 无所事事

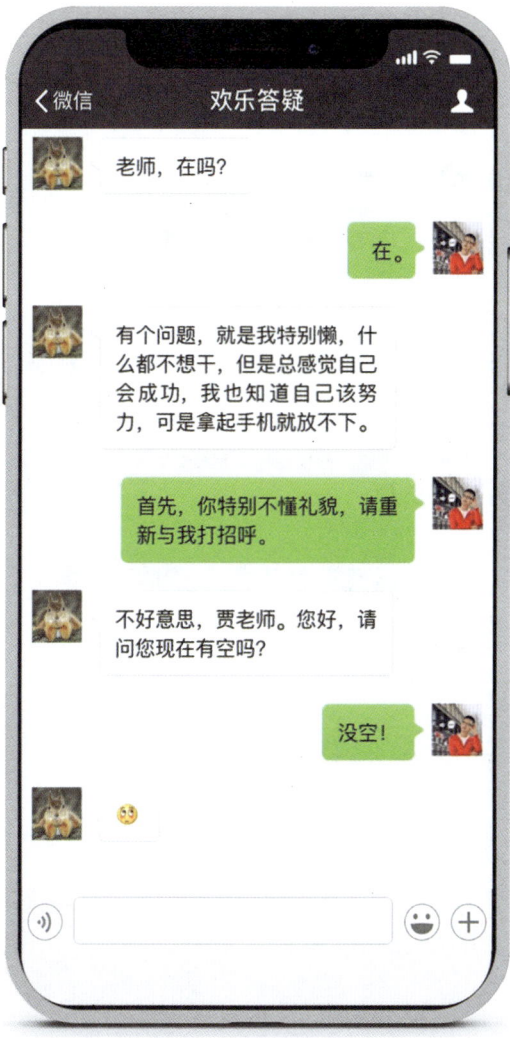

微点评 假如没有现实的逼迫,假如没有内心价值的驱动,谁不愿意随心所欲地活着呢?

019 懒循环

微点评 请问,失去一个没有未来的懒虫,对我有什么损失吗?

020 人各有志

微点评　选择，就意味着取舍。
　　　　　取舍之后，要学会平衡。

021 成绩不理想

微点评 如果承认自己笨,那从此可以降低对生活的要求,因为笨人就不要对生活有那么高的期待;
如果承认自己懒,那就去找找现实的刺激,比如看看外面的房价,查查银行余额,然后再照照镜子什么的。

022 备考咨询师

老师,要考心理咨询师了,还没有复习,怎么办?

愿赌服输,重在参与。

没有这样的心态。

弃考。

为什么?

就算侥幸过了,也做不了咨询。

脸好疼🤕

微点评　为了这个行业,您还是弃考吧。

023 自信心

微点评 说吧,你打算去祸害哪个导师?

024　又到期末

微点评　有时候，焦虑的人还挺羡慕那些考前悠哉游哉的人的，感觉他们都有一颗太平洋一样宽广的心，当然，仅限于考前。

025 起床困难

微点评　真正的朋友，是不遗余力帮助朋友进步的朋友！所以，请大家不要放弃他！

026 愿赌服输

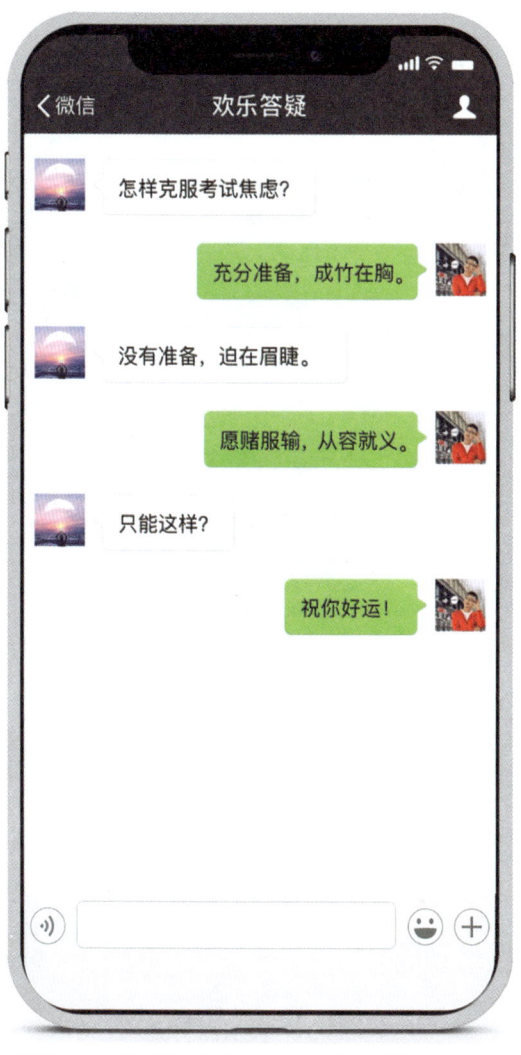

微点评 对于考前不复习的人,我只能拱手道一声:壮士!

027 处处有学问

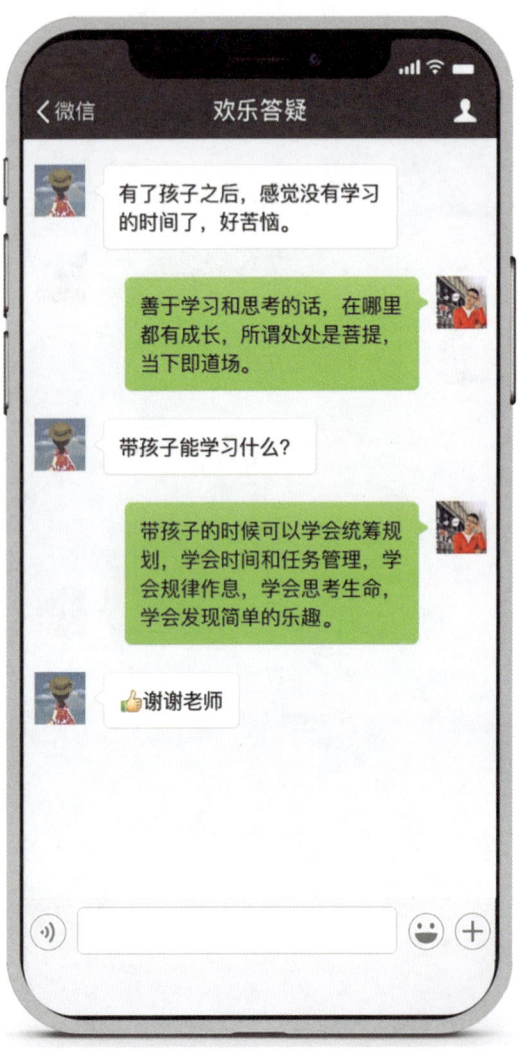

微点评 学习的方法有很多,学习的方式也有很多,善于学习的人无处不思考,不善于学习的人总是在抱怨。

028 睡过头了

微点评 其实,我想说:快要期末考试了,还能一个人在宿舍睡过头,你在宿舍的人缘是有多差啊?

029 什么都不懂

微点评 什么都不会，还睡得心安理得，你让那些焦虑型失眠的人情何以堪？

030 穷嘚瑟

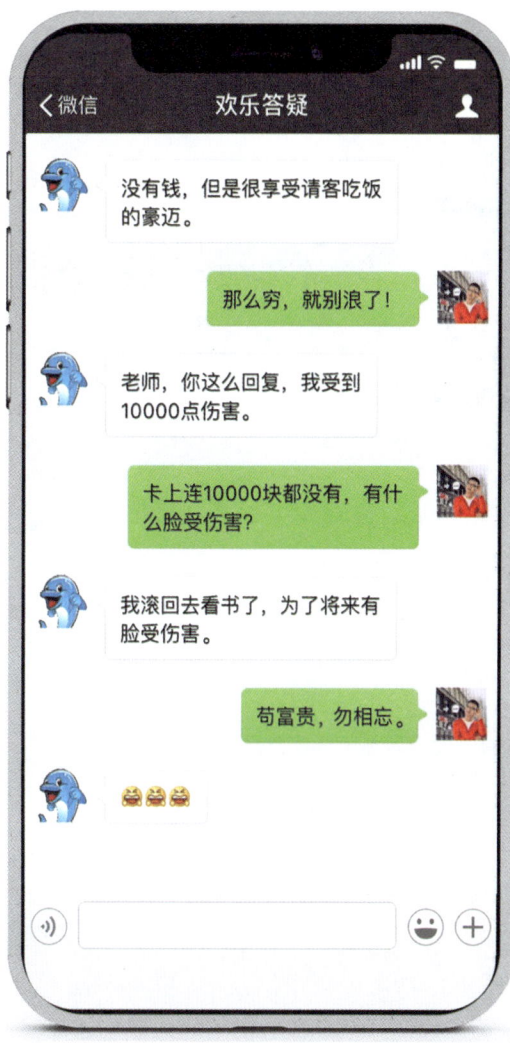

微点评 可以说是很有悟性了。

031 新年寄语

微点评 这句话基本适用于所有面临生涯发展困惑的人。

032 考研还是就业

微点评　很多时候,我们缺的根本不是选择,而是行动。跟着已经决定考研的同学复习两个星期,你也就有答案了。

033 努力与作弊

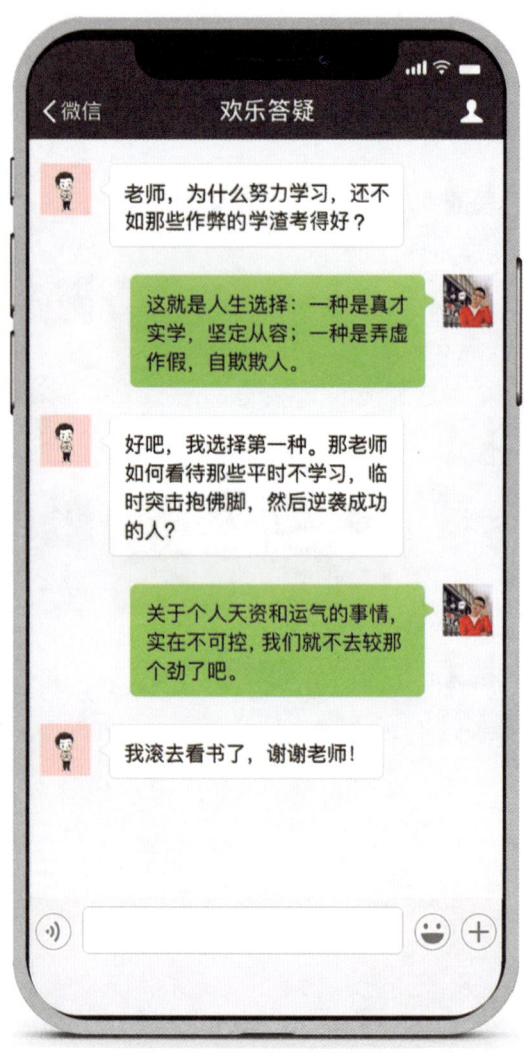

微点评 俗话说：曲木为直终必弯，养狼当犬看家难；墨染鸬鹚黑不久，粉刷乌鸦白不坚。自欺欺人，终会自食其果。

034 复习没动力

微点评 行为主义心理学告诉我们，没有奖惩机制，就不会有改变的动机。

035 一无所有

微点评　——妈，我在外面闯荡了这么多年，还是什么都没有。
　　　　——别灰心，至少你还有脸回来。

036 无聊

微点评　当你看书的时候,你觉得好玩的东西有很多;当你写书的时候,你觉得看书是一件很幸福的事情,这就是我此刻的心情。

037 临时抱佛脚

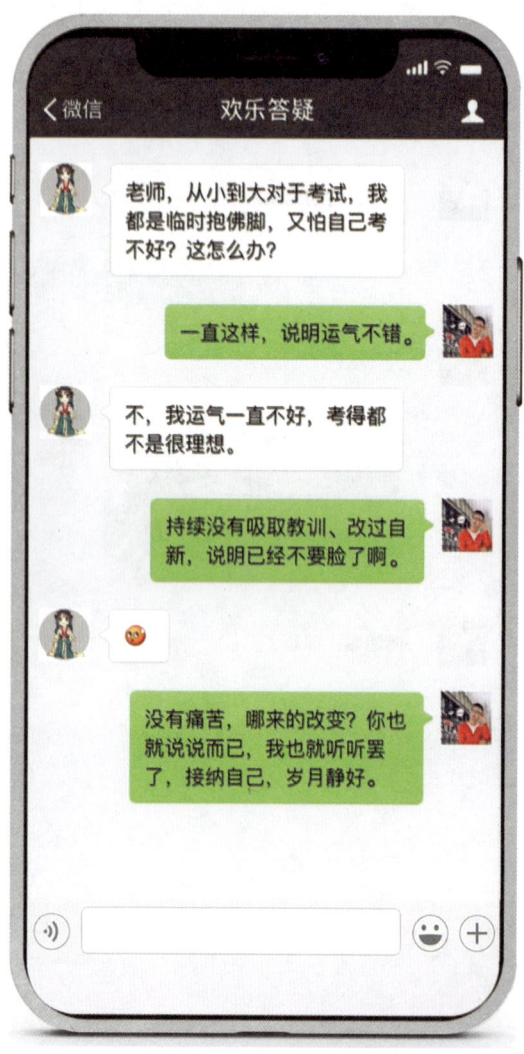

微点评 其实,你没有变,只是学业要求越来越高。

038 求挂科

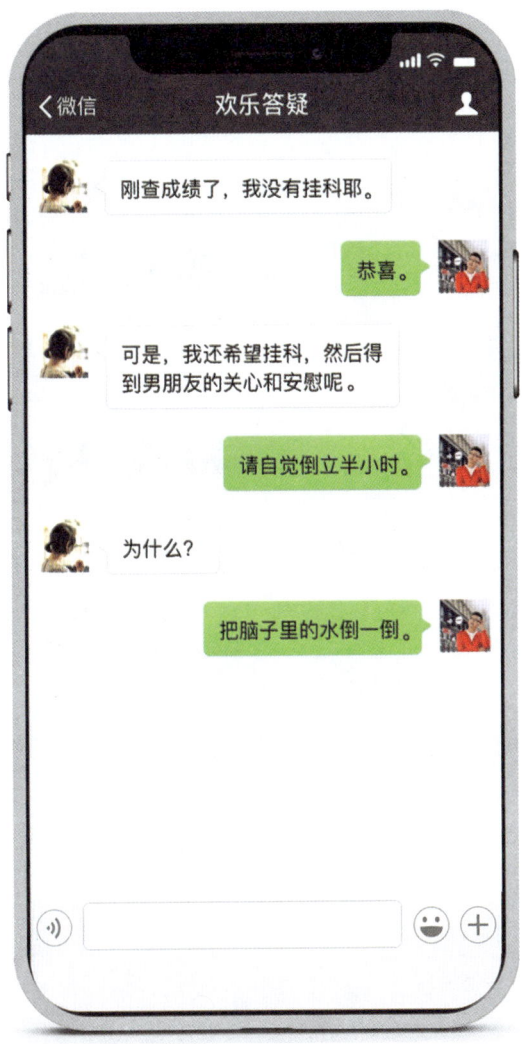

微点评 古有周幽王烽火戏诸侯,今有痴情女挂科求关心。

039 大三寒假

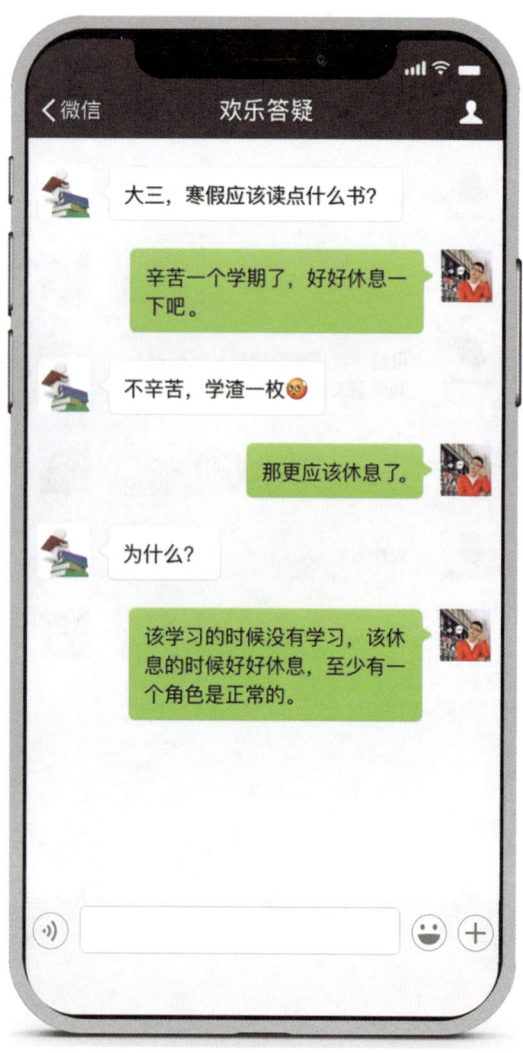

微点评 省省吧,在学校都不看书,放假在家还能有多用功?

040 考证

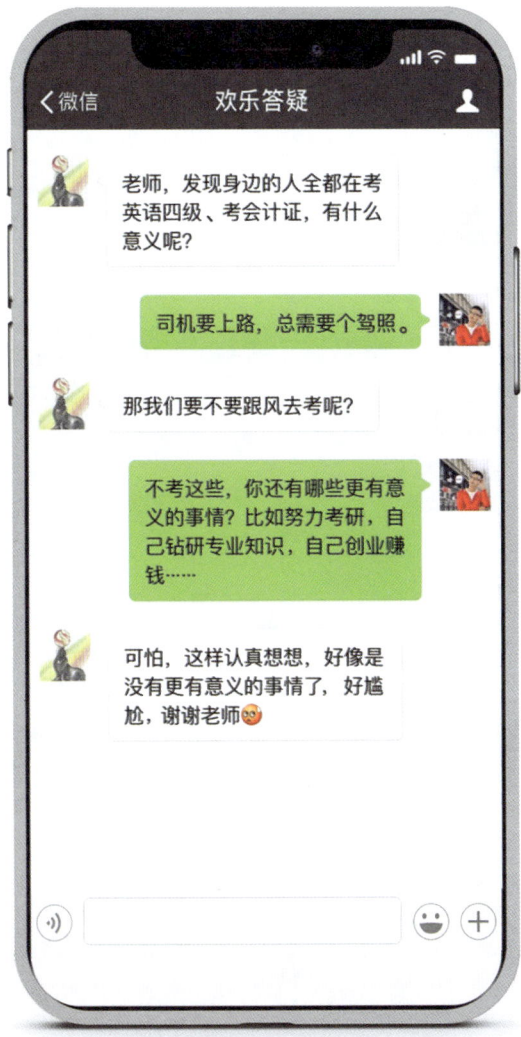

微点评 未来职场竞争,证书相同的情况下,看能力;能力相同的情况下,看证书。所以,证书和能力同样重要。

041 赖床

微点评 权衡往往就在一瞬间,而无数个一瞬间就构成了生命的篇章。

042 读书选择

微点评 这就好比合理膳食一样,既要营养全面,又要科学搭配。

043 接纳现实

微点评 既然当初选择了放弃,那么就要勇敢地接纳现实,为自己承担责任。

044 论文

微点评 导师的愤怒:这么长时间了,你早干什么去了?

045 三好学生

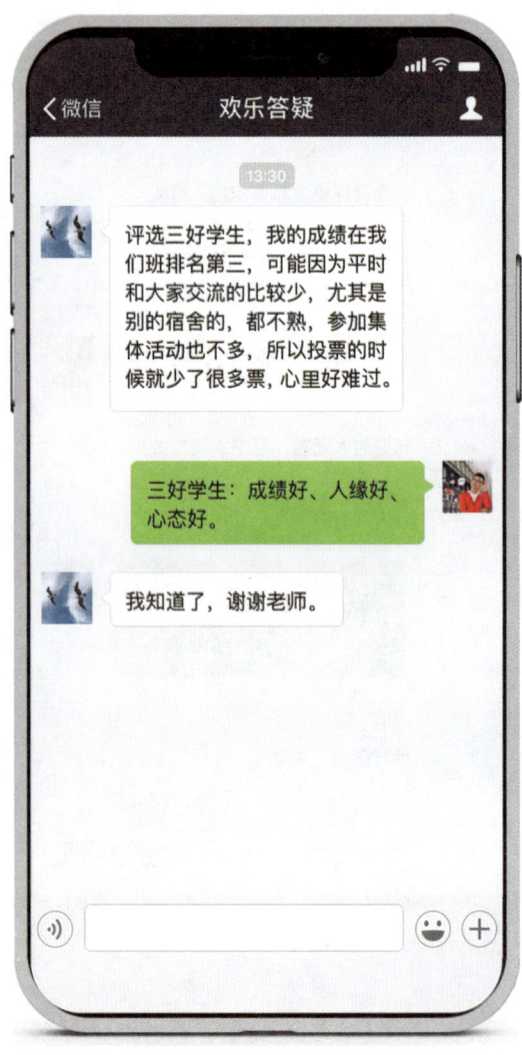

微点评 论澄清概念的重要性。

046 学渣要逆袭

微点评 没有外界的压力,怎能凭空产生动力?

047 胖学渣

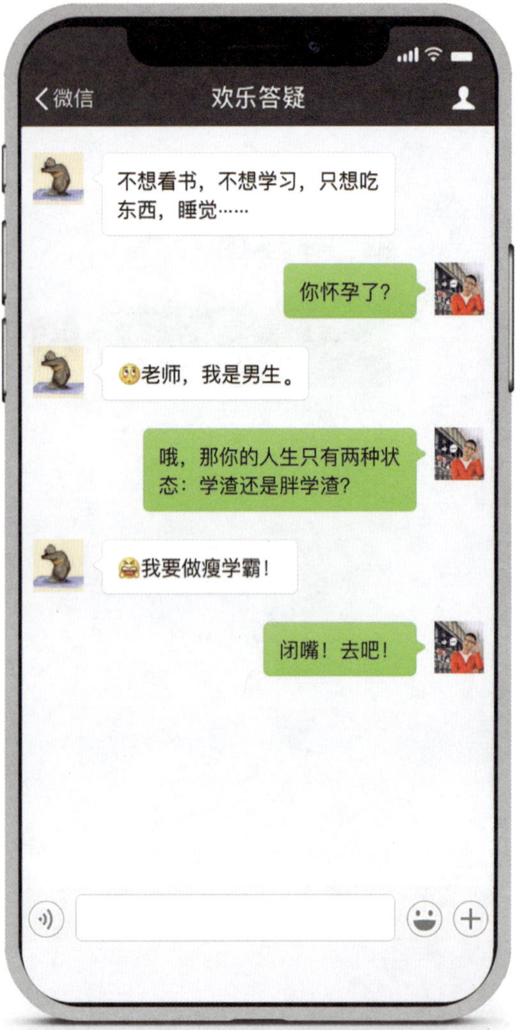

> 不想看书,不想学习,只想吃东西,睡觉……
>
> 你怀孕了?
>
> 😳老师,我是男生。
>
> 哦,那你的人生只有两种状态:学渣还是胖学渣?
>
> 😫我要做瘦学霸!
>
> 闭嘴!去吧!

微点评 大学四年,老师眼睁睁地看着你的身材从宋体变成了微软雅黑,然后变成了华文琥珀。

048 请假干农活

微点评 连最基本的人之常情都不懂,还撒谎?

049 责任

微点评 不是老师不想放你走,而是一旦出了事儿,没法应对领导的问责和家长的大闹。

050 兴趣与学习

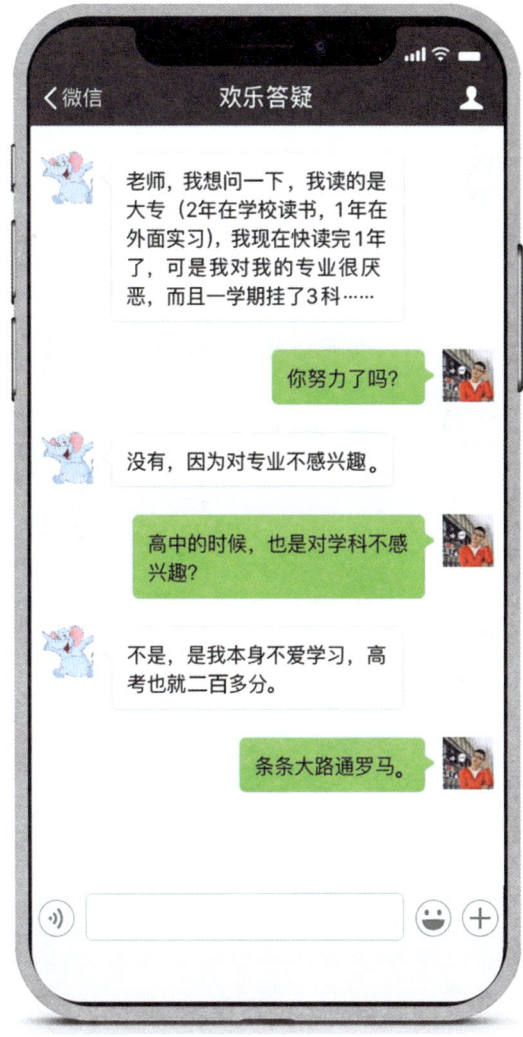

微点评　所以,你根本就不是对专业不感兴趣,而是对学习本身就不感兴趣。
还是早做打算,早谋生路吧。

051 父母的信任

微点评　失去信任，是因为过去的行为；
　　　　　建立信任，取决于当下的努力。
　　　　　很多时候，人们需要的不是据理力争，而是用行动证明。

052 有钱人学历低

- 上大学真的有用吗?
- 对于大多数人有用。
- 很多有钱人学历也很低啊。
- 那为什么他们会尽力让自己的孩子上最好的大学呢?
- 大学最重要的是什么?
- 三个核心:完成基本学业、找到未来出路、学会与各种人相处。
- 谢谢老师!

微点评 条条大路通罗马,路在脚下,你在哪里?

053 安心复习

—— 老师,又到考试季了,怎样安心复习?
—— 关机!
—— 😡万一有人找我呢?
—— 放心,你没有那么重要。
—— 父母有事儿找我呢?
—— 约定晚上下自习联系。
—— 其他时间呢?
—— 其他时间他们会为你感到欣慰。

微点评 记住,父母和那些真正的朋友是可以理解你上课、上自习手机关机的。

054 四六级证书

微点评　我曾经问一个人力资源总监：你们的工作也用不到多少英语，为什么招聘的时候要求英语六级呢？
他回答我：大多数专业，在大二之后，就不再有英语课，一个人能够靠自己的努力拿到六级证书，至少说明他的自控力不错啊。

055 考试心态

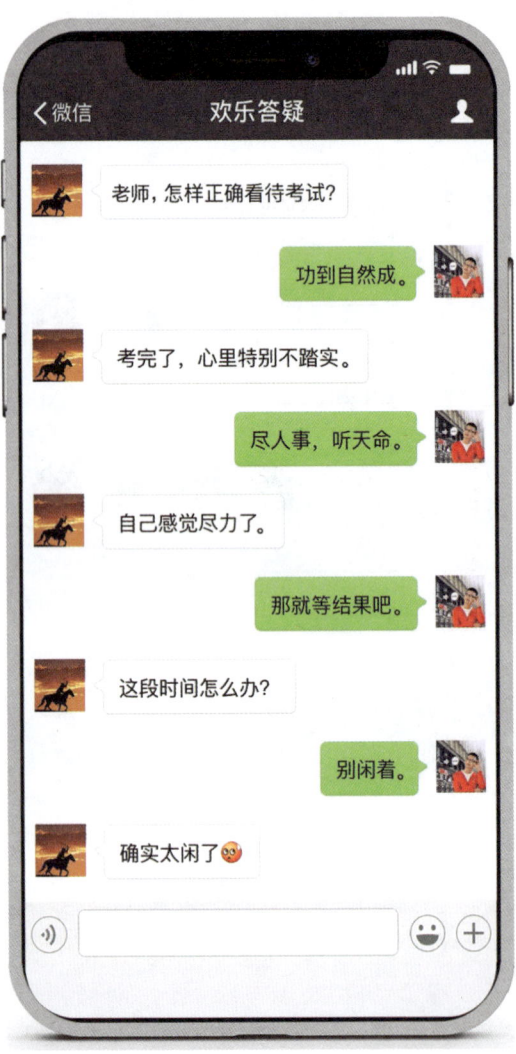

微点评 所有考前的准备,都是在尽力降低风险,而不可能完全消除风险。
所以,尽人事,然后听天命就是最好的心态。

056 写作风格

微点评 你都没有风,哪里来的格?

057 游戏人生

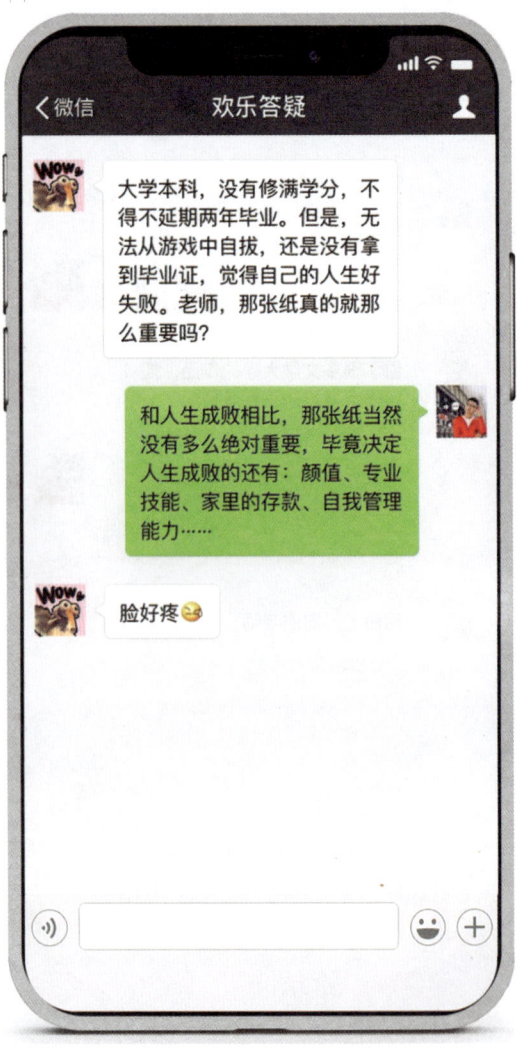

微点评 如果一个人不能痛定思痛,那这痛苦还有什么意义?

058 高考不到200分

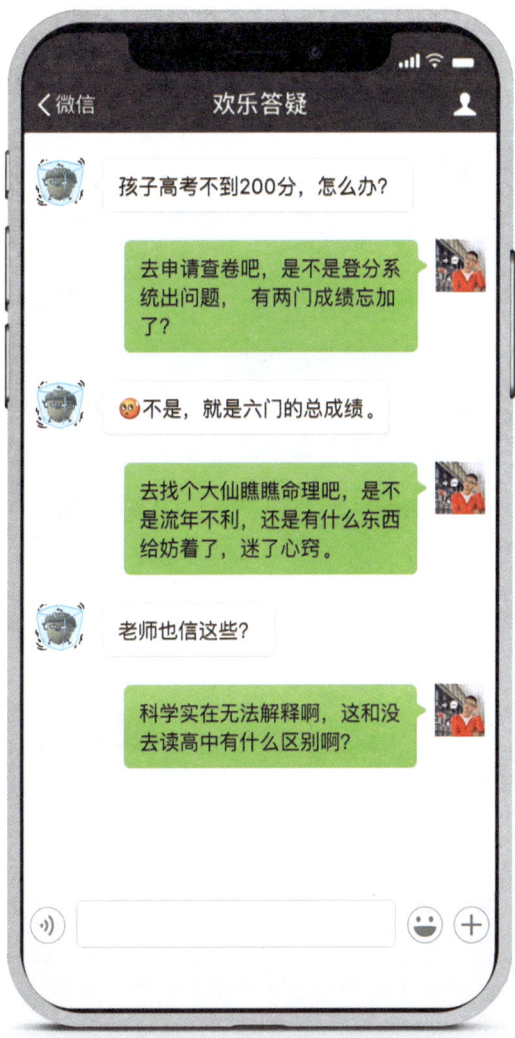

微点评 那么多选择题，就算拿个骰子上去也不至于考这么点分吧？

059 成绩单

孩子四年级,期末考试成绩:语文42,英语38,数学41。

虽然出现了地板效应,但是整体数据分布均衡,区分度不是很大。

说人话!

至少没有偏科,说明孩子对每个代课老师一视同仁。

上学期成绩也这样,这学期还经常打架。

成绩稳定,动手能力强。

😅😅😅

微点评 可以说是非常非常的"赏识教育"了吧?

060 择校

微点评 醒醒吧,高中老师管得那么严,你都考成这样,未来专升本要完全靠自己,你能考成什么样?

061 准备学医

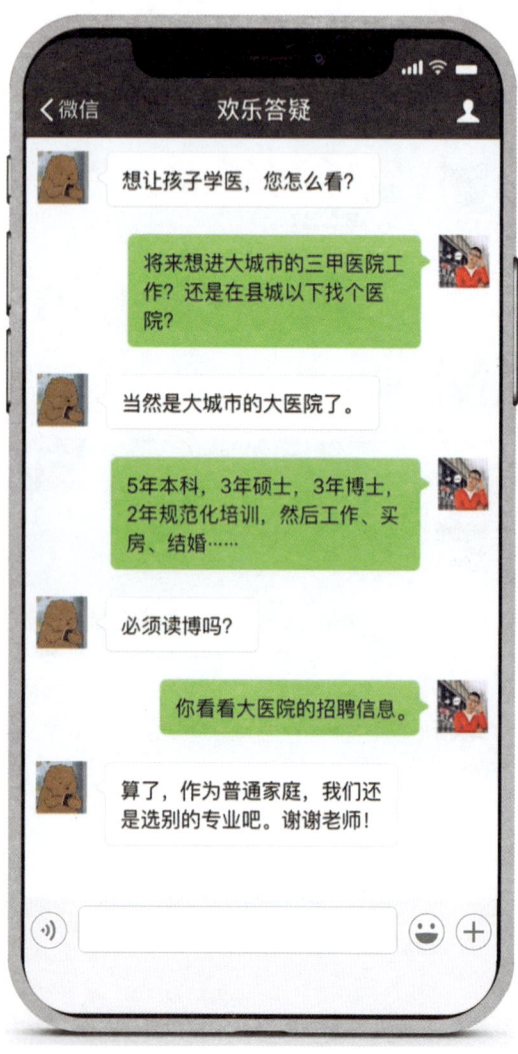

微点评 论了解现实就业信息的重要性!

062 作弊被抓

微点评　既然选择了铤而走险,就要勇敢地为自己的行为承担责任。
另外,脸面是自己赢得的,不是别人给的。

063 临危不惧

微点评 大家快来看啊,这就是典型的破罐子破摔。

064 长远之计

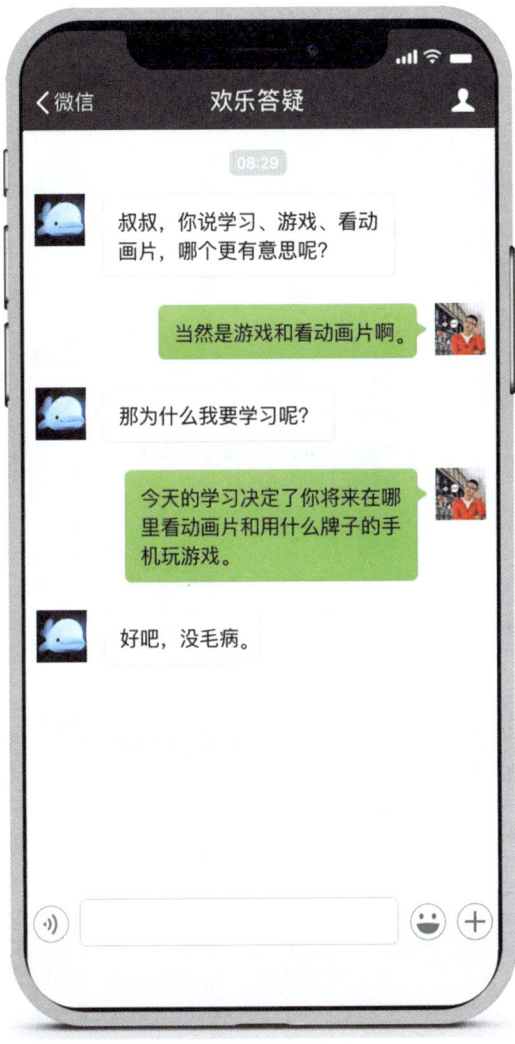

微点评　不知不觉，我们已经到了被人叫"叔叔"的年纪。

065 各显其能

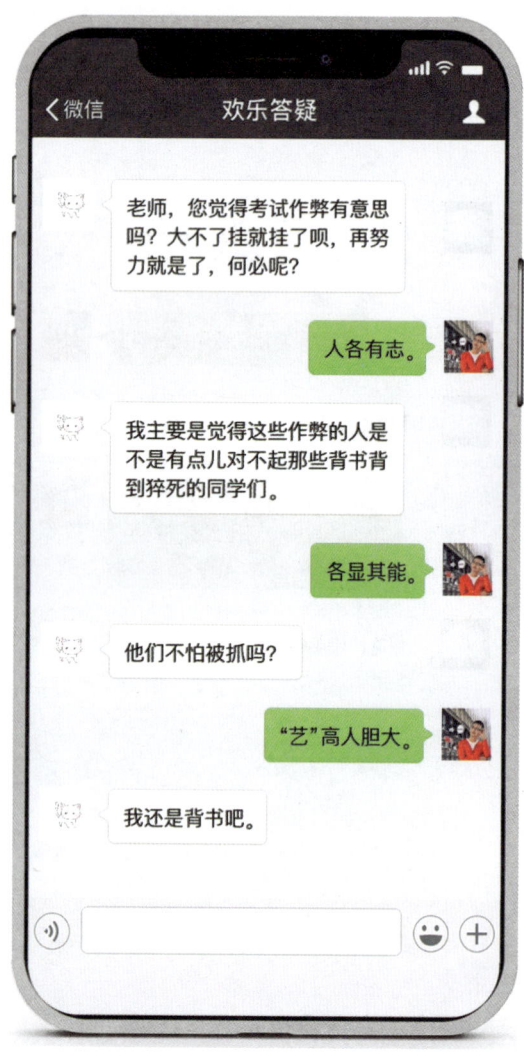

微点评 真正的"英雄":凭本事作弊,愿赌服输。不要脸的"懦夫":自己作弊,被抓后各种胡搅蛮缠。

066 今天与未来

微点评　——老师,上学主要是为什么?
——学习赚钱的本事。
——那要是不想上呢?
——出去赚钱,检验一下本事。

067 数学

微点评 对于那些令人头疼的学科,如果不愿意认命,就换个方式拼命吧!
毕竟,这些基础课程的安排,都是按照智商最低要求来设计的。

068 出路

微点评 虽然条条大路通罗马,但是,你得动身啊!

069 劳心与劳力

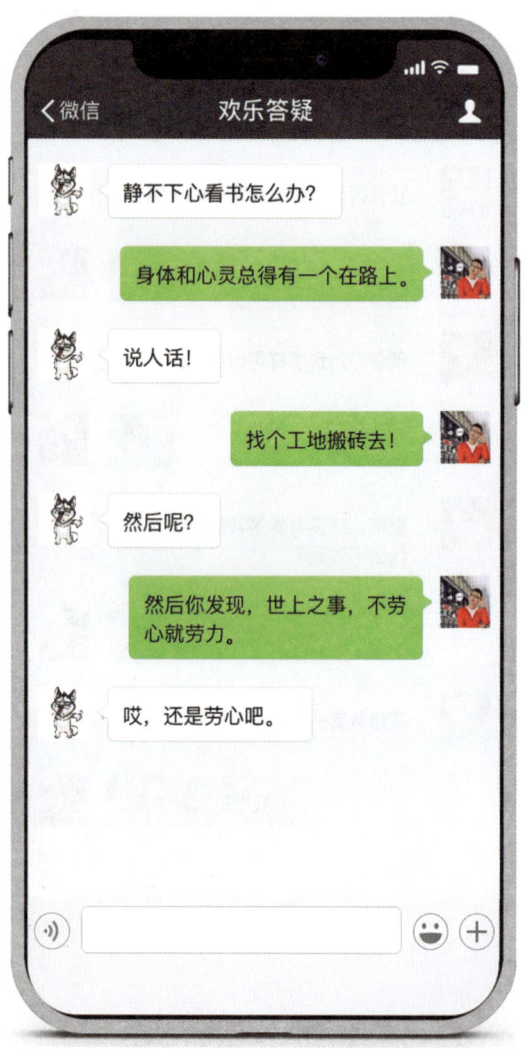

微点评 小时候,你觉得学习很惨,长大后,你发现那个时候最幸福。

070 做错了什么

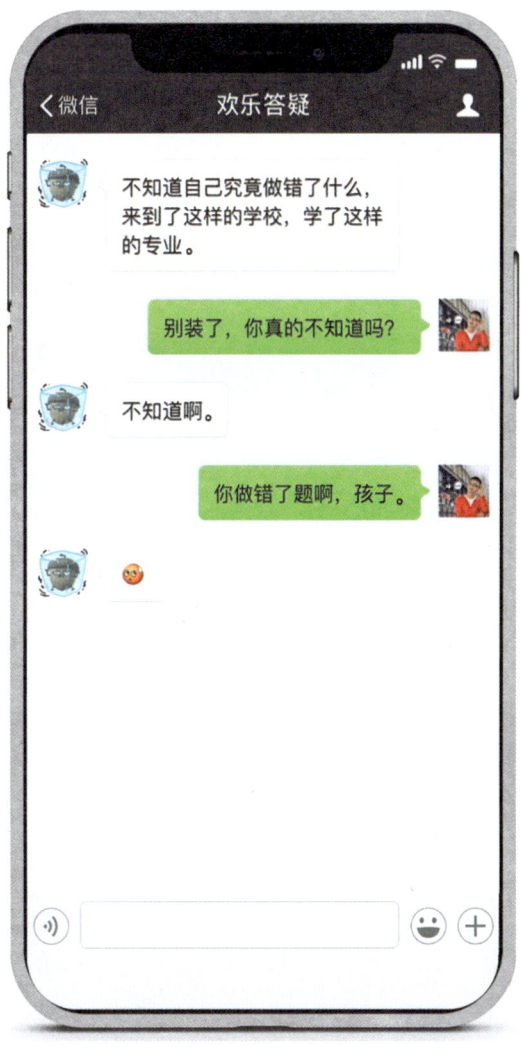

微点评　虽然你对学校、对专业不满意,但是,至少和你高考的分数是匹配的啊。

071 阅览室

—— 老师,为什么阅览室不让穿拖鞋进?

—— 怕舔手翻书的和看书抠脚的打起来。

微点评　画面太美,不忍直视。

072 睡前读书

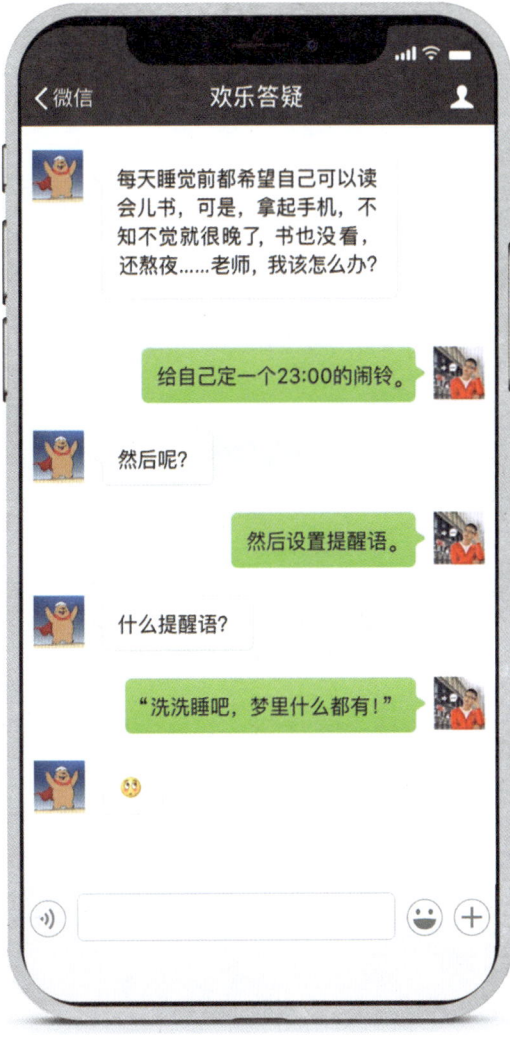

微点评 请不要在身心俱疲的情况下，还期待自己有极大的自控力。

073 自欺欺人

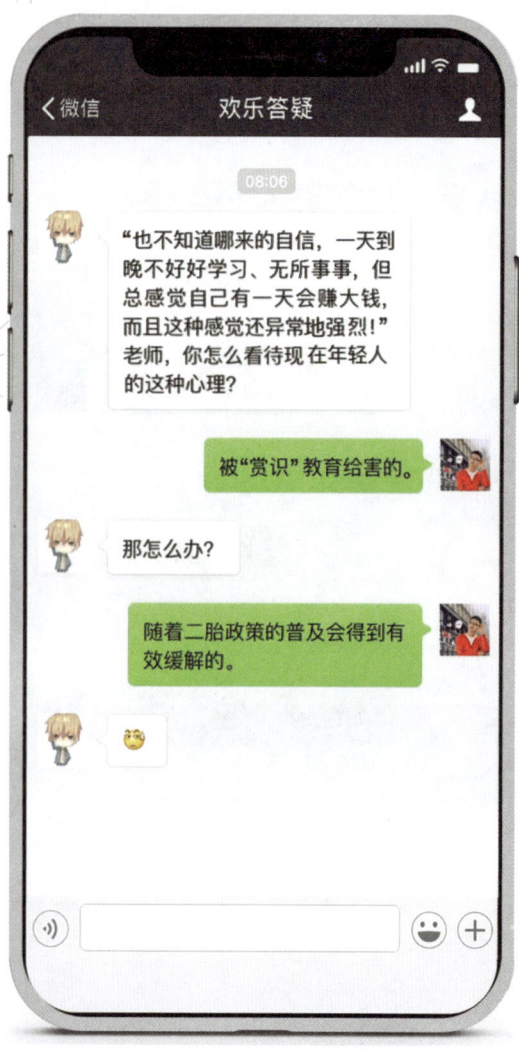

"也不知道哪来的自信,一天到晚不好好学习、无所事事,但总感觉自己有一天会赚大钱,而且这种感觉还异常地强烈!"老师,你怎么看待现在年轻人的这种心理?

> 被"赏识"教育给害的。

那怎么办?

> 随着二胎政策的普及会得到有效缓解的。

🤭

微点评 这就是传说中的"伴随无能的全能感"。

074 填志愿

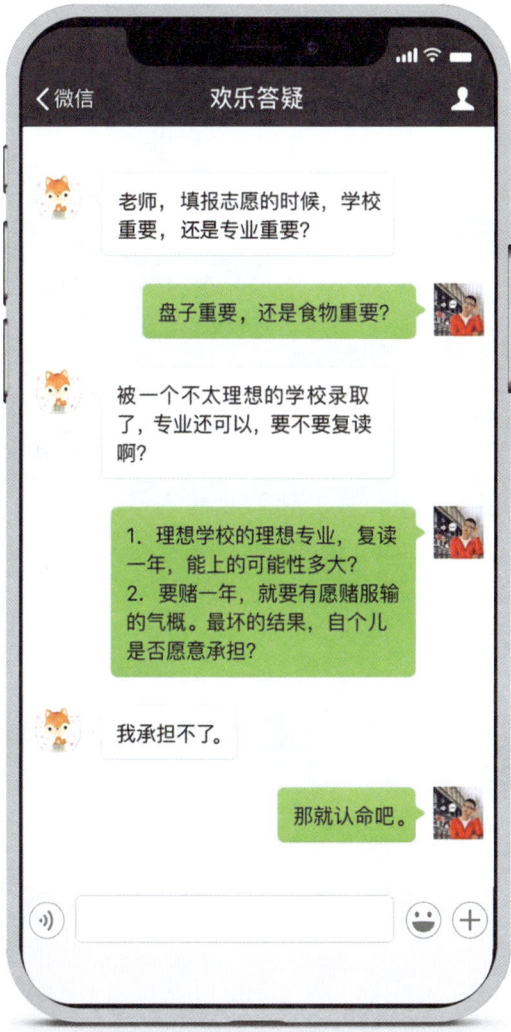

微点评 既然没有破釜沉舟的气概,那就调整自己的心态面对现实吧。

075 复读

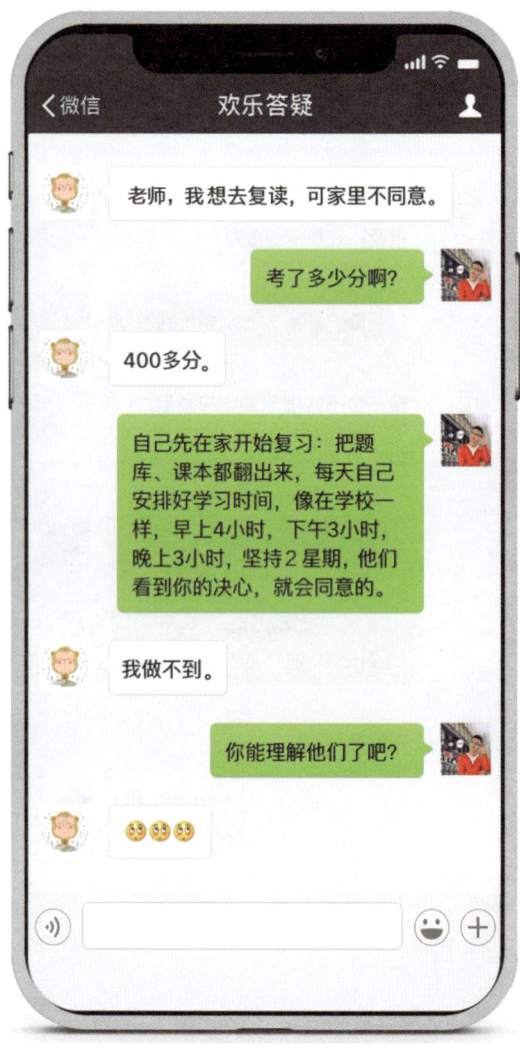

微点评　别人的不信任，大多是因为你过往的行为让他们觉得你不值得被信任。所以，重新建立信任的方法，不是据理力争，而是用行动证明。

076 读书时光

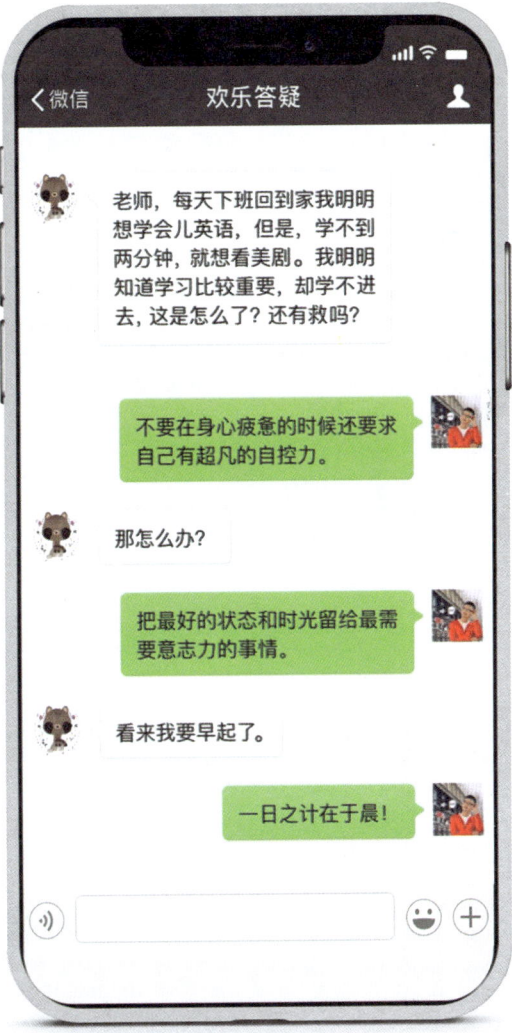

微点评 把读书的时间放在早上,一整天的心情都会很好,因为自己的事情做完了;把读书的时间放在晚上,白天接到任何任务都会心烦意乱,因为总觉得自己的成长被阻止了。所以,要读书,先做到早睡早起。

077 考博

微点评　这句话背后的涵义可以说是很深远了,大家自行解读吧。

078 看书打哈欠

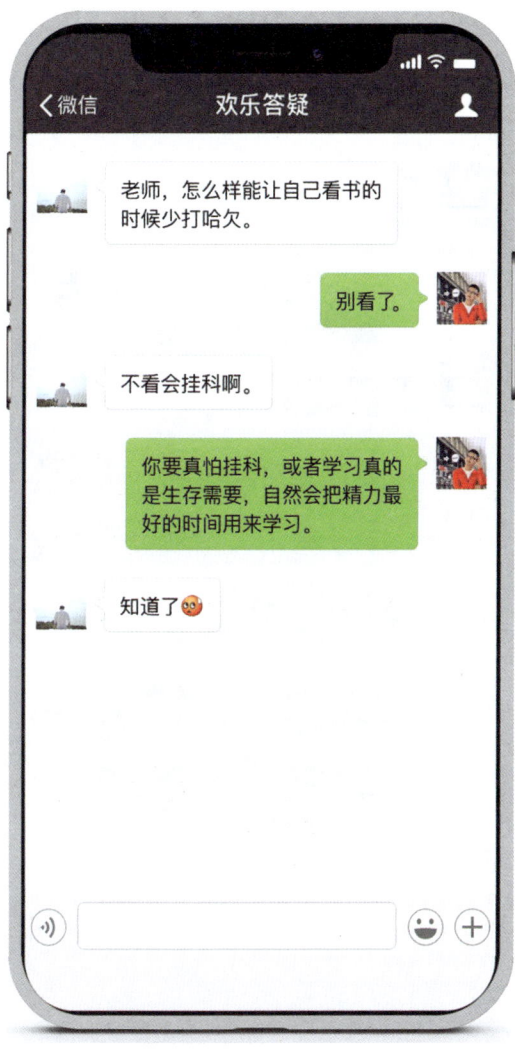

微点评 这就是浪够了才去看书的结果。

079 高考志愿

> 师傅,江湖救急。您上课讲课说到,高考报志愿应该考虑哪些因素?

> 成绩、兴趣、目标、就业趋势、家族资源……

> 课上没有好好听,您能给我再讲讲吗?徒儿愚钝😭

> 1. 成绩:你的选择权限和范围。

> 2. 兴趣:你独特的潜能和优势。

> 3. 目标:无论选择什么专业,你将来想要从事的工作是什么?

> 4. 就业趋势:行业的发展与走向,现实的要求与挑战。

> 5、家族资源:天时不如地利,地利不如人和,你是选择站在巨人的肩膀上?还是从零开始?

微点评 很多人都说我把自己的学生给"惯"坏了,真的是这样吗?

080 读书与结婚

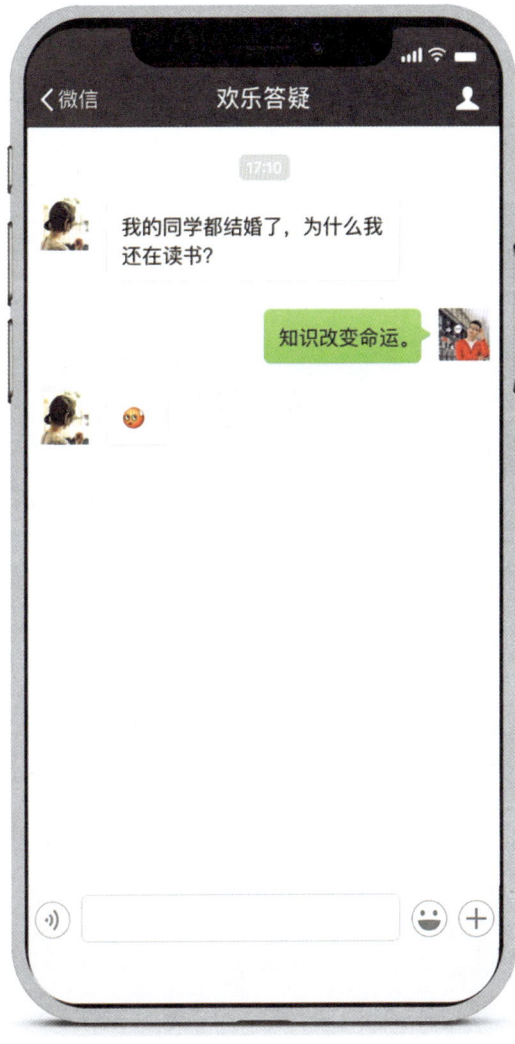

微点评 ——大师,你之前说过,我会在 23 岁时遇到我的如意郎君,然后结婚从此过上幸福的生活。可是,23 岁那年我考上了研究生,现在 30 岁博士毕业,依旧是单身啊。
——知识改变命运。

081 平衡

微点评　未来,你要承担的人生角色会越来越多。所以,重要的不是顾此失彼,而是学会平衡。

082 上课瞌睡

微点评　不下点儿猛药，还真治不了你们了。

083 改行

微点评 可以说是很有社会责任感了。

084 学习的意义

微点评 所以,一开始,我就应该回答:为了让自己更有层次。

085 决断

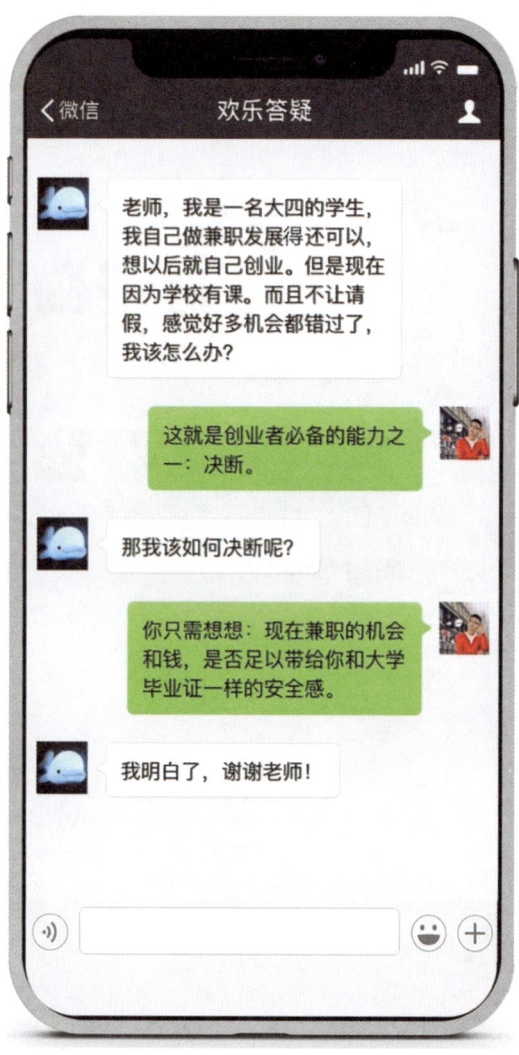

微点评 论区分当下需求和长远目标的重要性。

086 空想

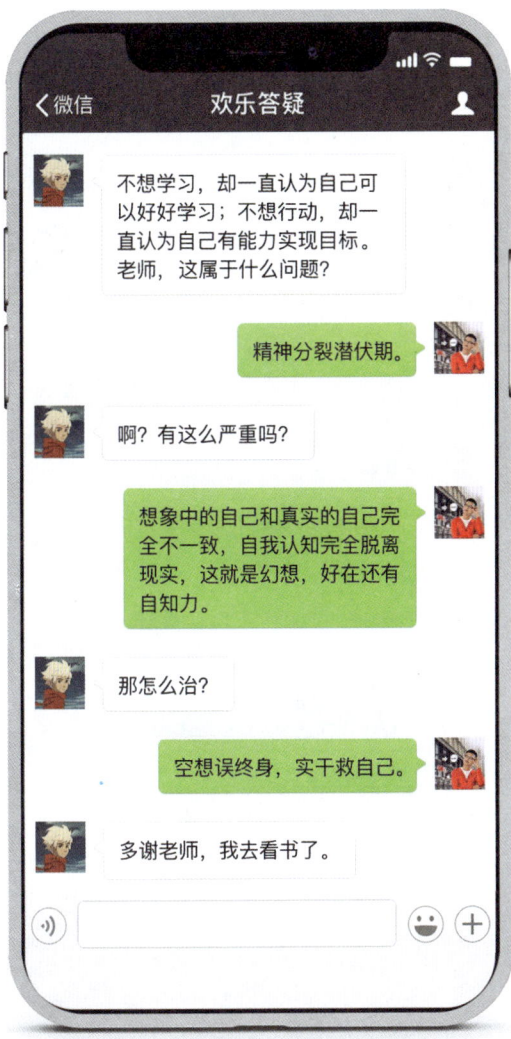

微点评　对这种心态最经典的描述：不劳而获而成神的冲动。
　　　　所以，请自觉区分自信与自大。

087 不想去上课

微点评 所谓"无为而治",并非不作为,而是不妄为。

088 闲与愁

微点评　你的问题主要在于：读书不多而想得太多——杨绛先生。

089 六级考试

微点评　突然觉得自己的英语还不错呢。

090 上课好困

微点评 这个咨询师还是很淘气的。

091 上课想睡觉

微点评 玉不琢,不成器。幼不学,老何为?
另外,你和上面那位是一个班的吗?

092 觉得自己懒

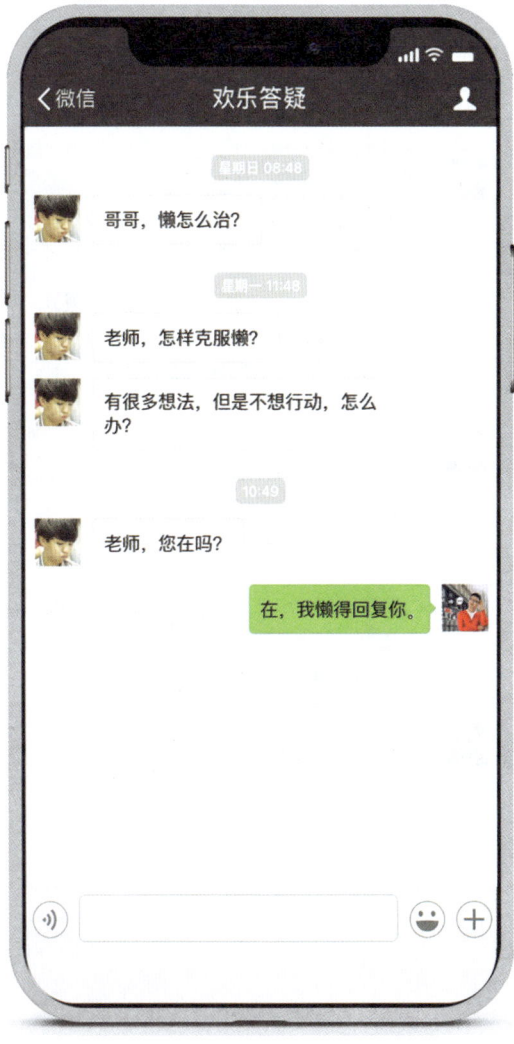

微点评 从精神分析的角度来讲,人的本性是趋利避害、好逸恶劳的,勤奋,都是被逼出来的。
所以,当一个人没有目标的激励,没有现实的逼迫,是不会去行动的。

093 宝妈考研

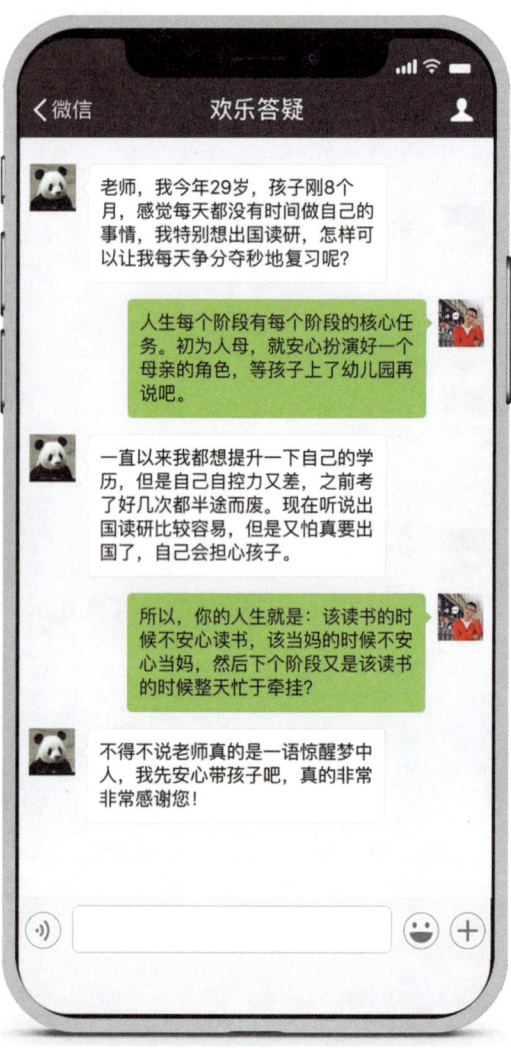

老师，我今年29岁，孩子刚8个月，感觉每天都没有时间做自己的事情，我特别想出国读研，怎样可以让我每天争分夺秒地复习呢？

人生每个阶段有每个阶段的核心任务。初为人母，就安心扮演好一个母亲的角色，等孩子上了幼儿园再说吧。

一直以来我都想提升一下自己的学历，但是自己自控力又差，之前考了好几次都半途而废。现在听说出国读研比较容易，但是又怕真要出国了，自己会担心孩子。

所以，你的人生就是：该读书的时候不安心读书，该当妈的时候不安心当妈，然后下个阶段又是该读书的时候整天忙于牵挂？

不得不说老师真的是一语惊醒梦中人，我先安心带孩子吧，真的非常非常感谢您！

微点评　每个阶段有每个阶段的核心任务，每个阶段有每个阶段的重要角色。

094 聪明与努力

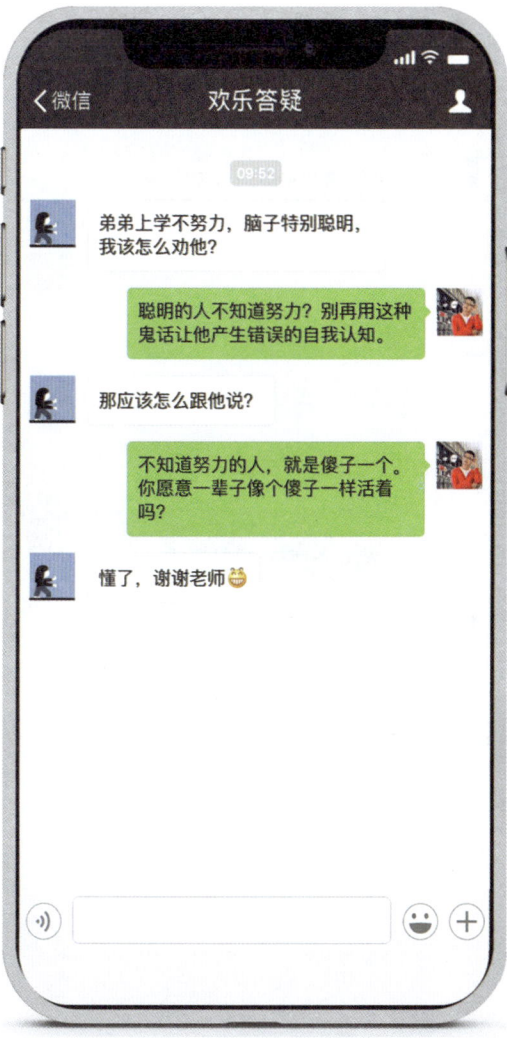

微点评　请大家引以为戒，别再说一个孩子：你很聪明，就是不努力。
而要明确告诉他：聪明的人是知道为自己的未来好好努力的。

095 大学暑假

微点评　为人儿女，当替父母分忧。

096 二战考研

> 老师,我考研二战,基础差,去年复习又不专心,今年想再战985。现在边工作边准备二战,但是现在还沉不下心,请您给些意见和建议好吗?

去年付出了百分之多少的努力?

> 60%~70%。

如果今年要成功考上985,需要付出多少?

> 至少90%。

还有六个月,你能一边工作一边90%? 家里缺钱吗?

> 不缺钱,我只是想给自己留个退路。

那怎么可能有破釜沉舟、背水一战的勇气和毅力?

> 👍

微点评 有志者事竟成,破釜沉舟,百二秦关终属楚。苦心人天不负,卧薪尝胆,三千越甲可吞吴。

097 鹤立鸡群

欢乐答疑

> 在寝室,一个每天上自习的人,被一群整天玩游戏的人孤立了,这是什么感受?

> 一群猪孤立了一只凤凰?

> 作为凤凰,该怎么办?

> 栖则立梧桐,鸣则震九天。

> 谢谢老师,我感觉好多了。

> 世界那么大,值得交往的人很多。

> 是的,我会记住这句话的,不再盲目伤感。

微点评 物以类聚,人以群分。 注定不在一个维度的人,就不要期待有什么交集了。

098 从容不迫

微点评 内心如此强大,是怎么做到的啊?

099 翘课去比赛

微点评　切记,不要本末倒置。

100 钢琴梦

微点评 孩子钢琴练得怎么样,关键看父母。

没有什么想不开
欢乐答疑500例

才华撑不起野心怎么办？
要么增加才华，要么减少野心，
要么吃药

职场

001 工作与考研

微点评 很多时候,我们并不是因为有了决策才能去行动,而是因为有了行动才能做出决策。

002 办公室政治

职场

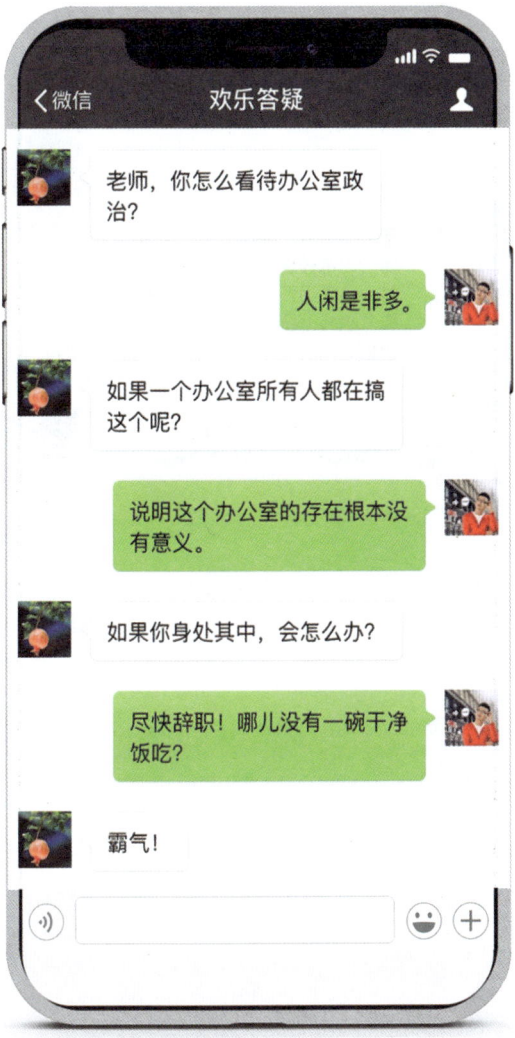

微点评 请正确安放你的青春年华。

003 投其所好

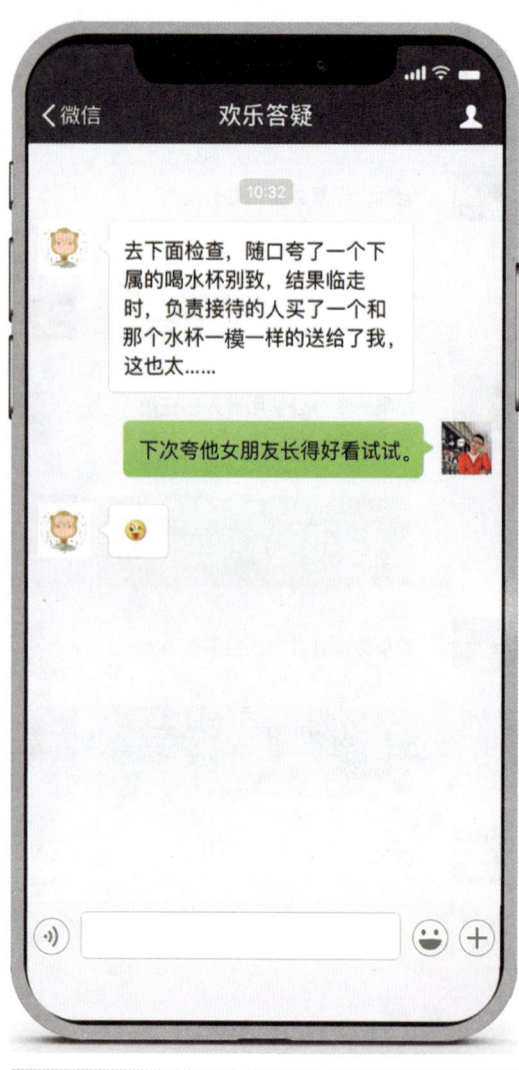

微点评　请正确区分：称赞与暗示。

004 自由与现实

职场

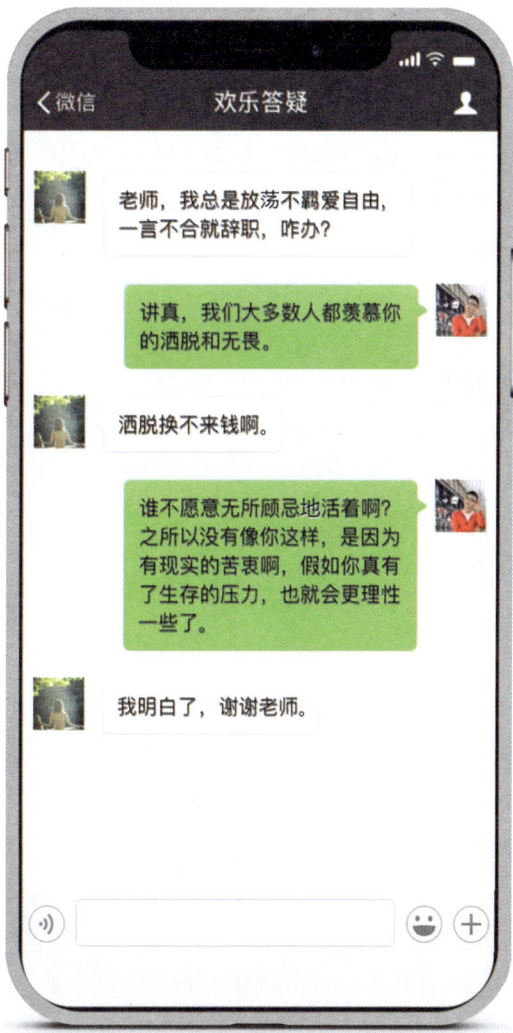

— 老师,我总是放荡不羁爱自由,一言不合就辞职,咋办?

— 讲真,我们大多数人都羡慕你的洒脱和无畏。

— 洒脱换不来钱啊。

— 谁不愿意无所顾忌地活着啊?之所以没有像你这样,是因为有现实的苦衷啊,假如你真有了生存的压力,也就会更理性一些了。

— 我明白了,谢谢老师。

微点评 世界那么大,我想去看看;
钱包那么小,楼下去转转。

005 对手太弱

微点评　大鹏展翅恨天低,井底之蛙空自大。

006 自学成才

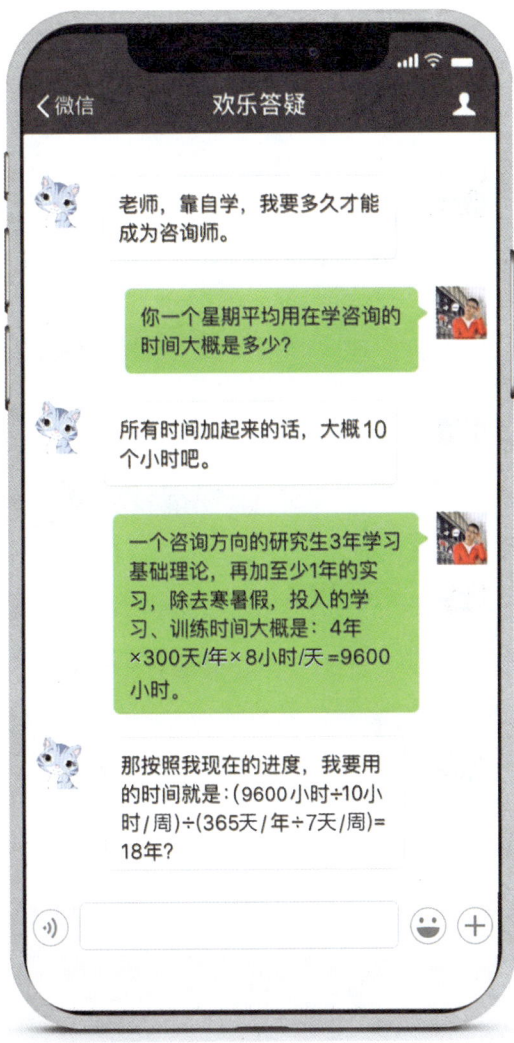

—— 老师,靠自学,我要多久才能成为咨询师。

—— 你一个星期平均用在学咨询的时间大概是多少?

—— 所有时间加起来的话,大概10个小时吧。

—— 一个咨询方向的研究生3年学习基础理论,再加至少1年的实习,除去寒暑假,投入的学习、训练时间大概是:4年×300天/年×8小时/天=9600小时。

—— 那按照我现在的进度,我要用的时间就是:(9600小时)÷10小时/周)÷(365天/年÷7天/周)=18年?

微点评 突然想起那个10000小时定律,原来是真的。

007 奇葩组合

微点评 既然无力改变,不如将计就计。

008 证书含金量

微点评 一个证书的含金量，最终是由人才市场决定的。

009 讲课 PPT

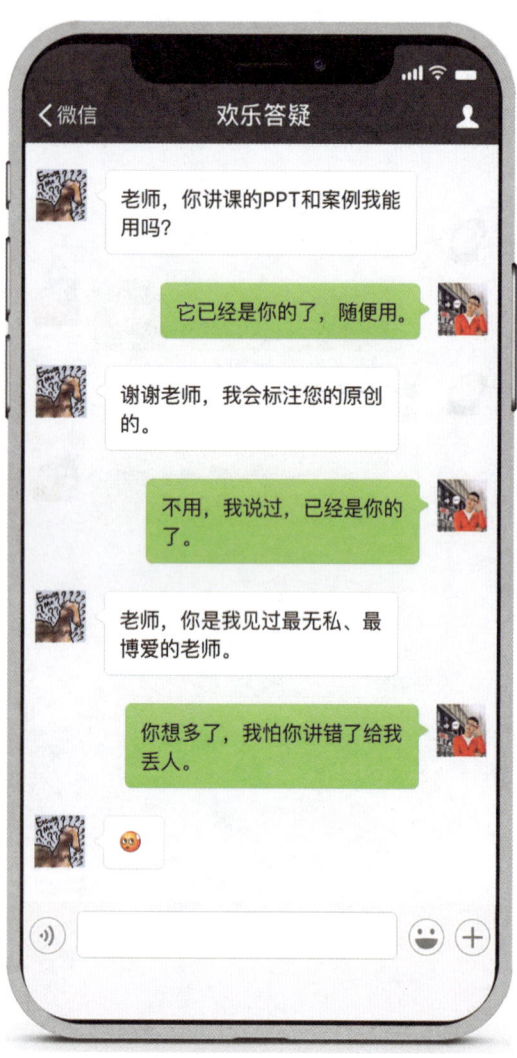

微点评　苟富贵，勿相忘。

010 人生如戏

职场

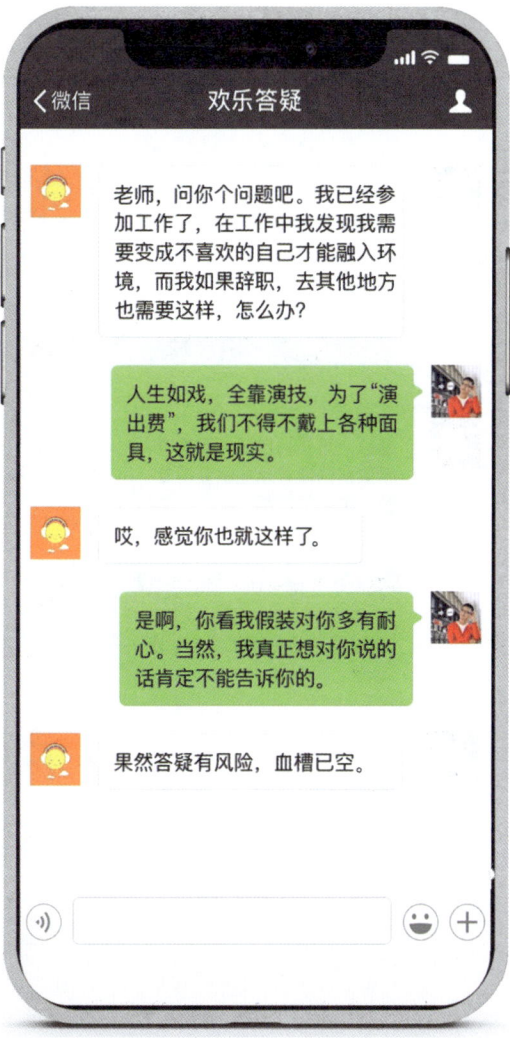

老师,问你个问题吧。我已经参加工作了,在工作中我发现我需要变成不喜欢的自己才能融入环境,而我如果辞职,去其他地方也需要这样,怎么办?

人生如戏,全靠演技,为了"演出费",我们不得不戴上各种面具,这就是现实。

哎,感觉你也就这样了。

是啊,你看我假装对你多有耐心。当然,我真正想对你说的话肯定不能告诉你的。

果然答疑有风险,血槽已空。

微点评　逃避是不可能的,学会面对是必须的。

011 专业与非专业

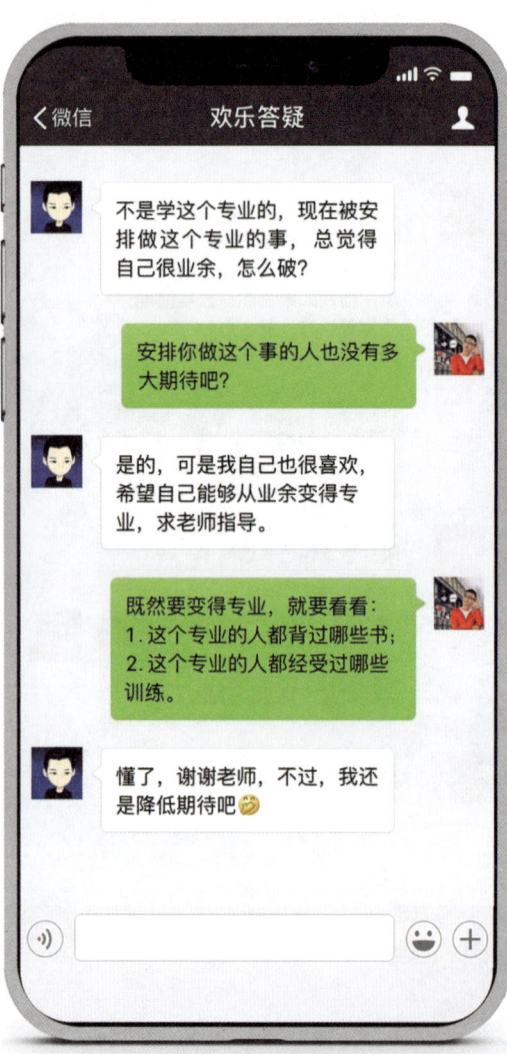

> 不是学这个专业的,现在被安排做这个专业的事,总觉得自己很业余,怎么破?

> 安排你做这个事的人也没有多大期待吧?

> 是的,可是我自己也很喜欢,希望自己能够从业余变得专业,求老师指导。

> 既然要变得专业,就要看看:
> 1.这个专业的人都背过哪些书;
> 2.这个专业的人都经受过哪些训练。

> 懂了,谢谢老师,不过,我还是降低期待吧🤣

微点评 应对压力的方法总共分两步:第一步调整心态,第二步增加行动。

012 职业梦想

职场

微点评　还是去试一试吧,比如先把心理学基础理论的教科书统统研读一遍。

013 找工作的动力

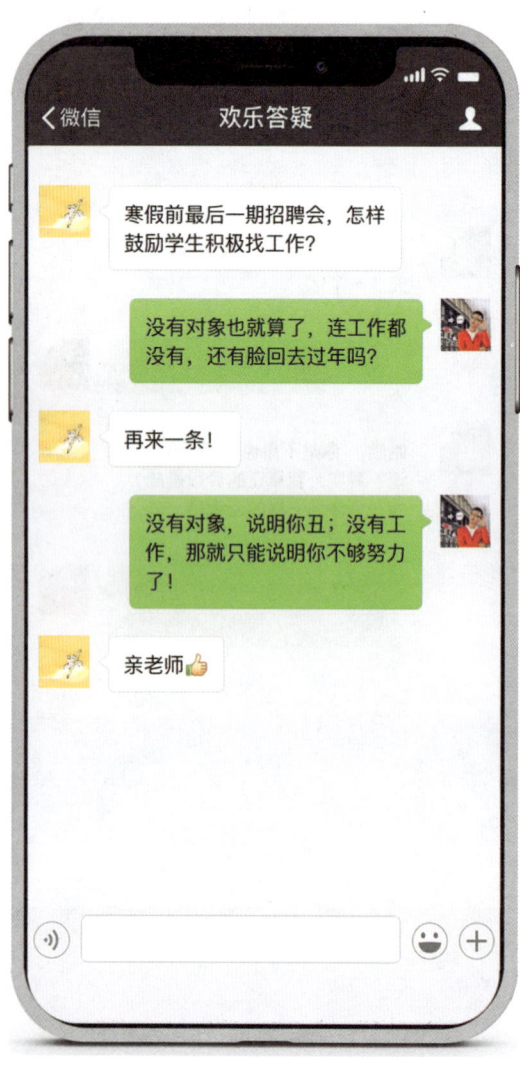

微点评　没办法,也许你觉得有没有工作不重要。但是,你们的就业率是辅导员的工作考核指标啊。

014 公司之间

微点评 想起了王昭君当年收到汉成帝的回信——"从胡俗"。

015 改行与现实

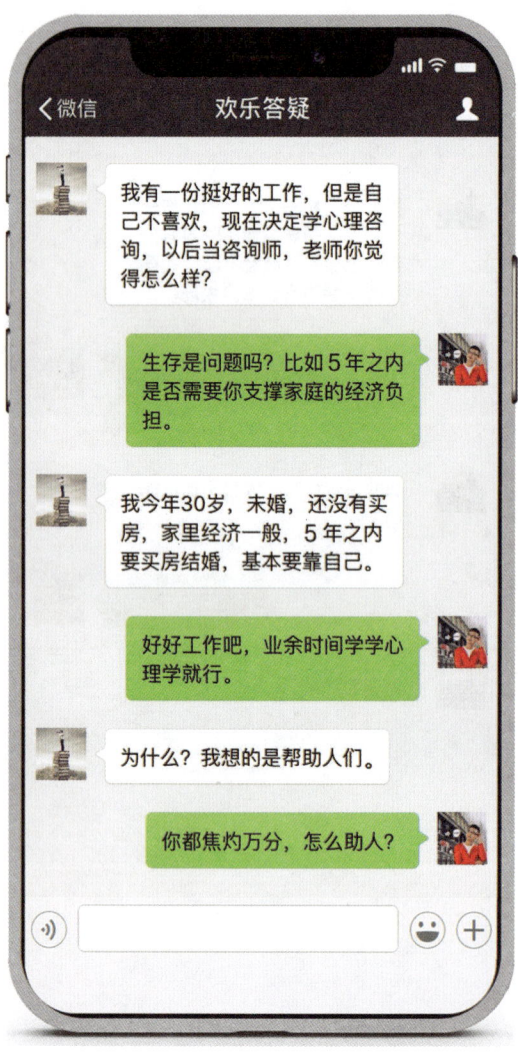

> 我有一份挺好的工作,但是自己不喜欢,现在决定学心理咨询,以后当咨询师,老师你觉得怎么样?

> 生存是问题吗?比如5年之内是否需要你支撑家庭的经济负担。

> 我今年30岁,未婚,还没有买房,家里经济一般,5年之内要买房结婚,基本要靠自己。

> 好好工作吧,业余时间学学心理学就行。

> 为什么?我想的是帮助人们。

> 你都焦灼万分,怎么助人?

微点评　每年都会有很多这样的人前赴后继。

016 闯北京

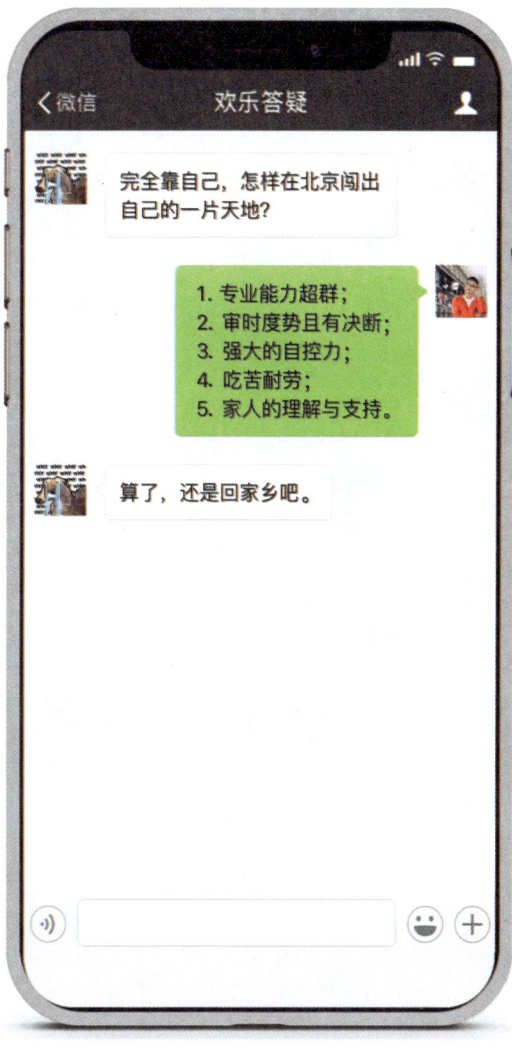

完全靠自己,怎样在北京闯出自己的一片天地?

1. 专业能力超群;
2. 审时度势且有决断;
3. 强大的自控力;
4. 吃苦耐劳;
5. 家人的理解与支持。

算了,还是回家乡吧。

微点评 你知道为什么那么多人漂了很多年,然后又回去了吗?

017 地域之差

> 本科毕业、普通家庭、能力一般、长相一般……去哪里发展比较好?

> 往上跨一级最靠谱。

> 怎么讲?

> 按照：村、县、市、省会城市、一线城市的顺序。

> 我家是县城的，看来去市里发展是最靠谱的?

> 从现实角度来讲是这样的。

> 谢谢老师。

微点评 个人观点，仅供参考。

018 你一定有变化

职场

微点评 莺花犹怕春光老,岂可教人枉度春。

019 城市选择

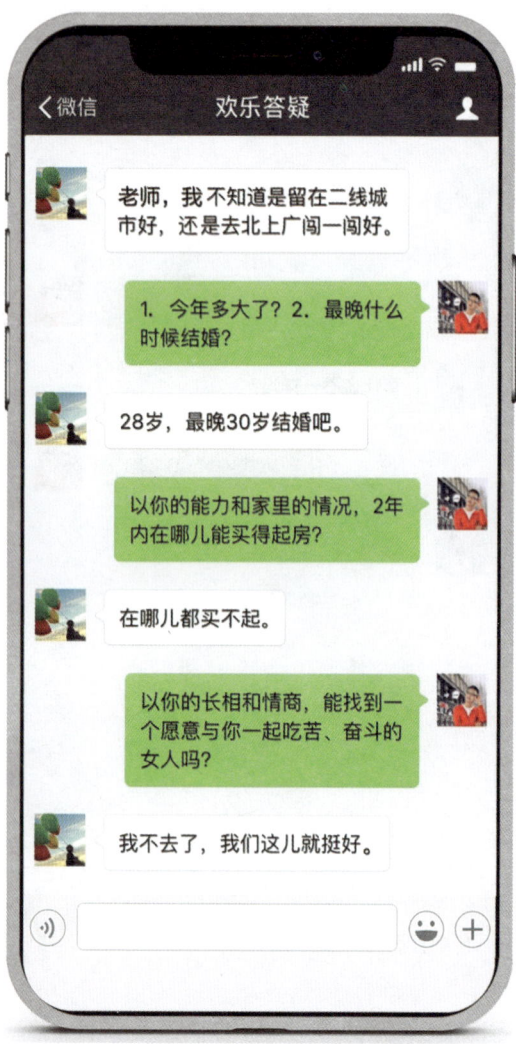

老师,我不知道是留在二线城市好,还是去北上广闯一闯好。

1. 今年多大了?2. 最晚什么时候结婚?

28岁,最晚30岁结婚吧。

以你的能力和家里的情况,2年内在哪儿能买得起房?

在哪儿都买不起。

以你的长相和情商,能找到一个愿意与你一起吃苦、奋斗的女人吗?

我不去了,我们这儿就挺好。

微点评 人一职匹配的三步法:清清楚楚地了解自己,明明白白地了解现实,然后做出最恰当的选择。

020 教与学

职场

微点评 有道无术，尚可求；有术无道，止于术。论融会贯通、灵活应用的重要性。

021 自我鞭策

老师,谢谢你的指点,目标很明确!"当你银行里没有500万存款时,就别穷浪了!"我会用这句话时刻鞭策自己。"少一份矫情,多一份现实的行动!"我要放下包袱,朝着现实目标去努力了!

苟富贵,勿相忘。

微点评 千里之行始于足下。

职场

022 优势

老师,在用人单位眼里,刚毕业的应届大学生有什么优势?

> 可塑性强。

还有呢?

> 便宜。

从HR角度呢?

> 好忽悠。

那我们自己应该注意什么?

> 明确阶段目标。

微点评 论目标的重要性:当你知道你要什么,就不会轻易被干扰和诱惑。

023 能力与脾气

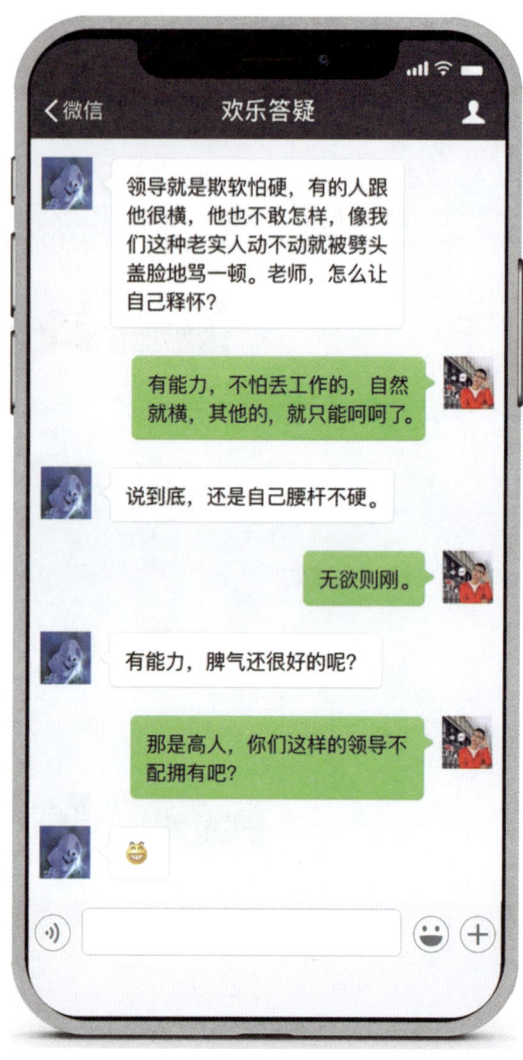

微点评 没有底气，何来底线？
没有底线，何来尊重？

024 在乎他人评价

职场

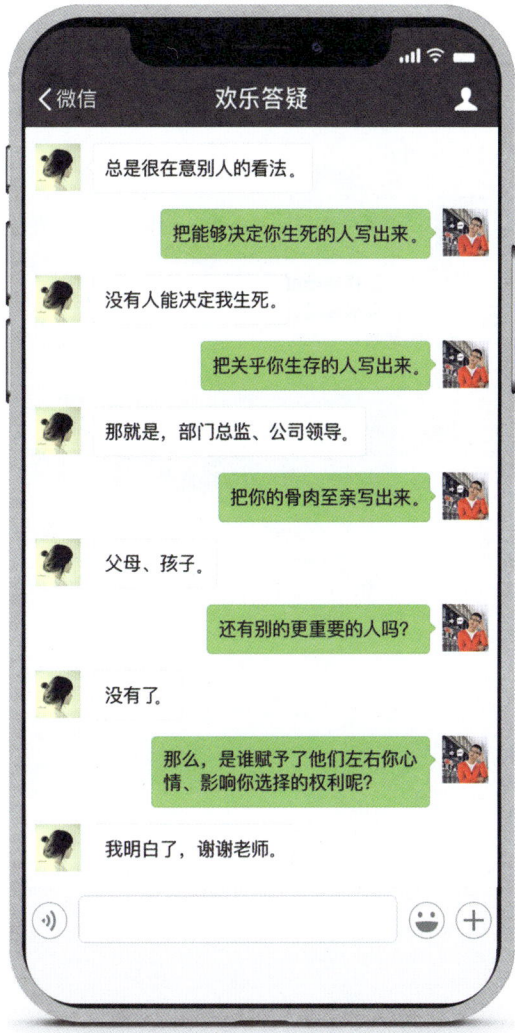

微点评　学会区分重要他人的"中肯建议"和非重要他人的"闲言碎语"。

025 工作的性质

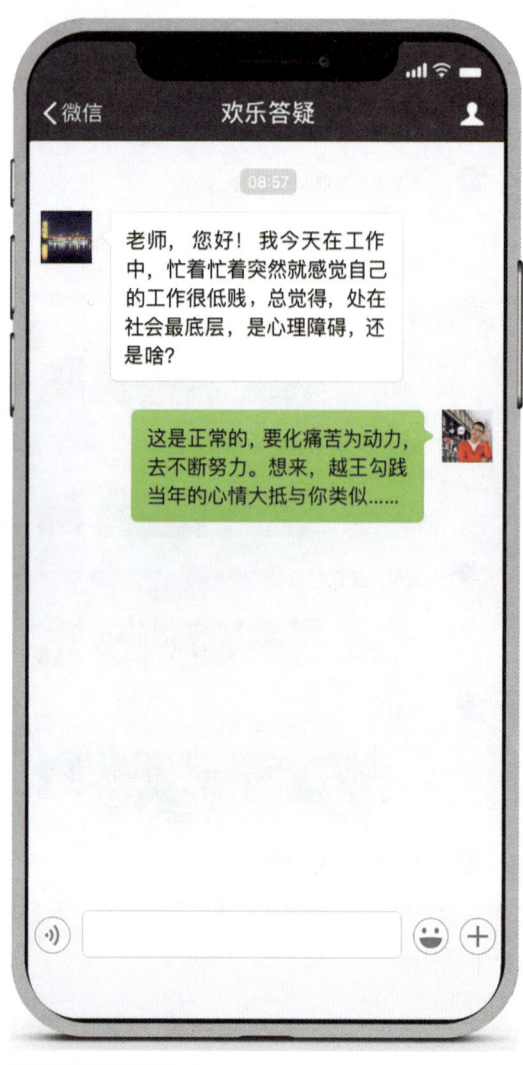

> 老师，您好！我今天在工作中，忙着忙着突然就感觉自己的工作很低贱，总觉得，处在社会最底层，是心理障碍，还是啥？

> 这是正常的，要化痛苦为动力，去不断努力。想来，越王勾践当年的心情大抵与你类似……

微点评 从法律和人格上来讲，所有工作都是平等的。但是，从社会文化背景来讲，工作还是会有高低之分的。

026 二进宫

微点评　有句话叫作——你本来也不成功,还怕什么失败?

027 才华与野心

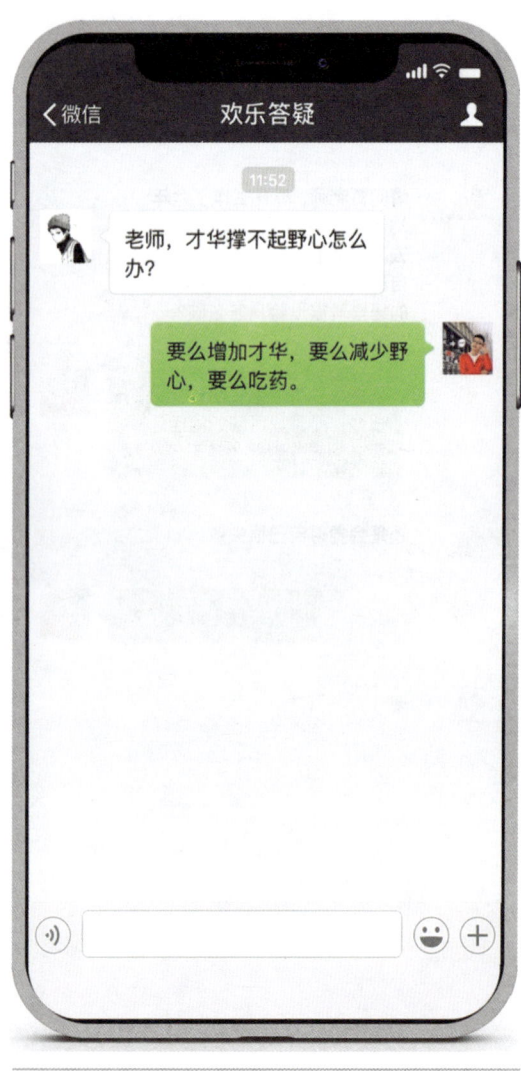

微点评 可以说是很全面了。

028 与狼共舞

职场

微点评 适应——与狼共舞；
接纳——隔岸观火；
犯傻——螳臂当车。

029 是否留北京

> 老师,我今年研二了,在考虑毕业后要不要留在北京,这房价实在太令人望而生畏了。

> 毕业要不要留北京需要考虑以下几个因素:
> 1. 家庭经济情况; 2. 工作五年内收入水平; 3. 女朋友意向; 4. 未来十年你想要的生活。

> 实在!句句在痛点👍

微点评 认知信息加工理论(CIP)告诉我们:掌握全面的信息,才能做出理性的选择。

030 明确目的

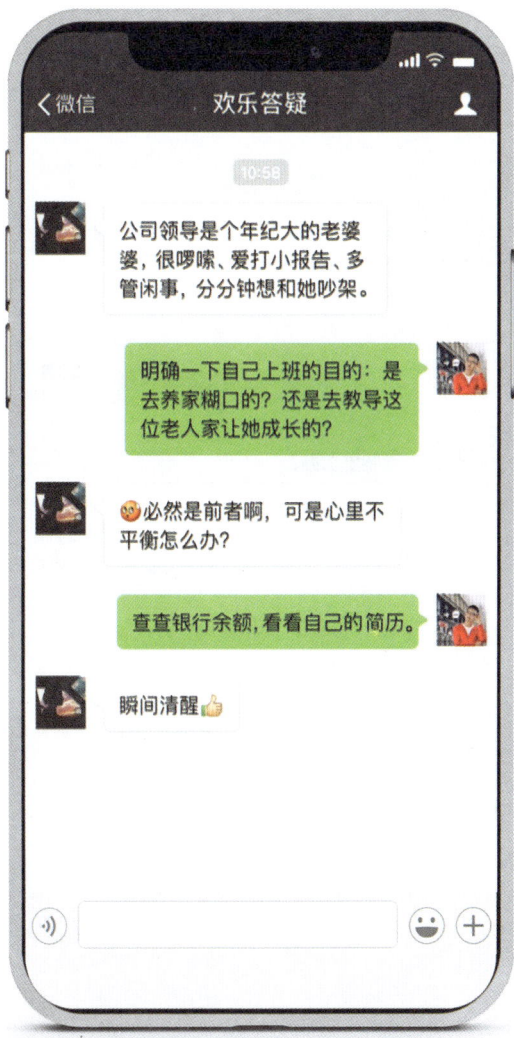

微点评　每个工作都有一些必然面临的挑战,所以,看在工资的份儿上,我们不得不学会接纳与面对。

031 口是心非

微点评　很多时候,顺水推舟是一种很好的咨询方法。

032 极品

微点评　其实我想说：没耐心，没有自控力……你打算去祸害哪个公司啊？

033 老板的药

微点评 问问老板——何弃疗？

034 辞职的勇气

微点评 看看银行余额，刷刷自己的简历，你就知道答案了。

035 自评与他评

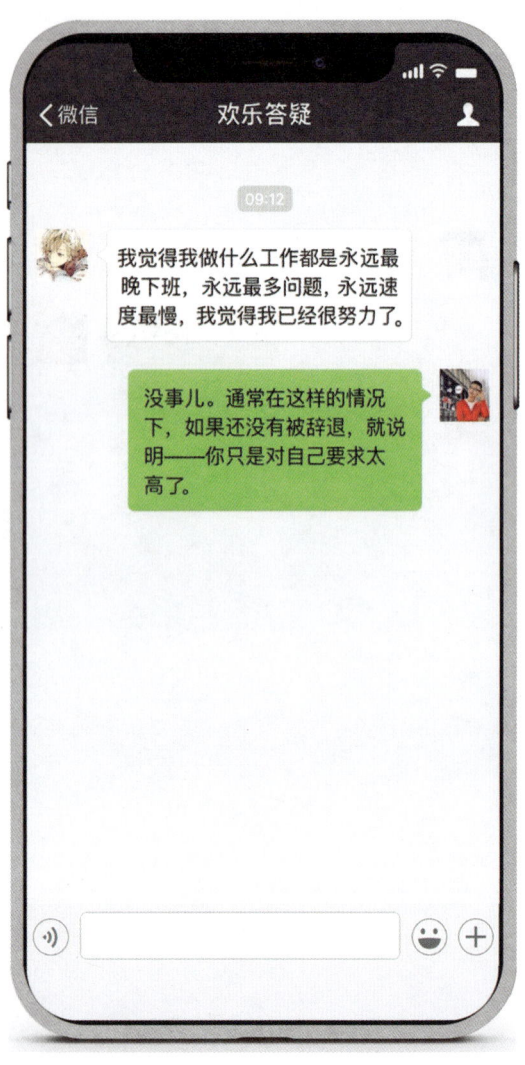

微点评　不要过于自责，因为，你的老板又不傻。

036 环境与职业

职场

微点评 其实,那个理论只是告诉人们,你身边重要的人会影响你的职业选择。因为人们的兴趣、个性、价值观等很容易被周围环境影响,所以,读书不要过于教条。
当然,对于你现在看的这本书也是一样。

037 医生的烦恼

微点评 岂能尽如人意，但求无愧于心。

038 自卑与诚实

职场

微点评 比起那些狂妄自大的人来说，这样的孩子已经很可爱了。

039 兴趣与职业

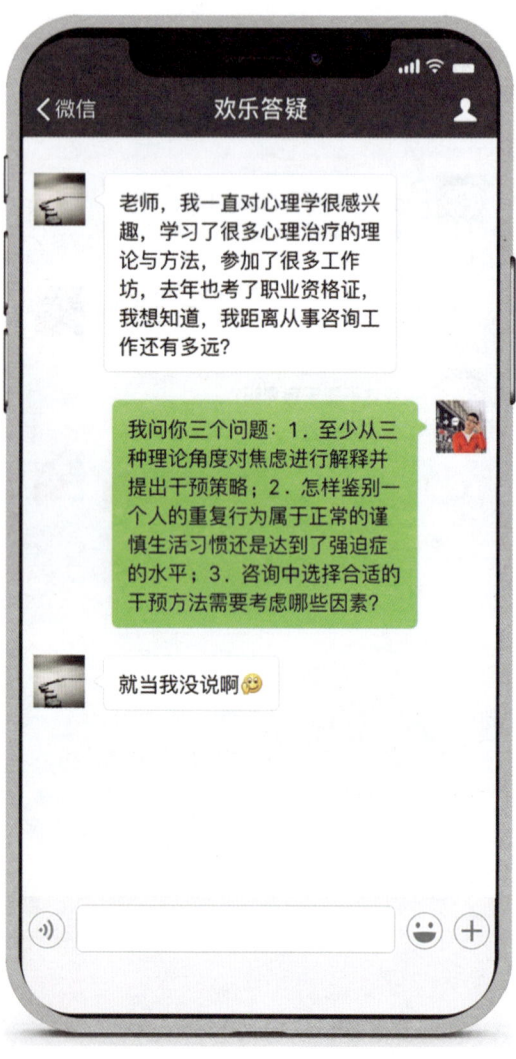

微点评　兴趣 + 专业技能 = 职业兴趣
兴趣 – 专业技能 = 业余爱好

040 上班路上

微点评 我们只能在有限的范围内实现自由。

041 良禽择木

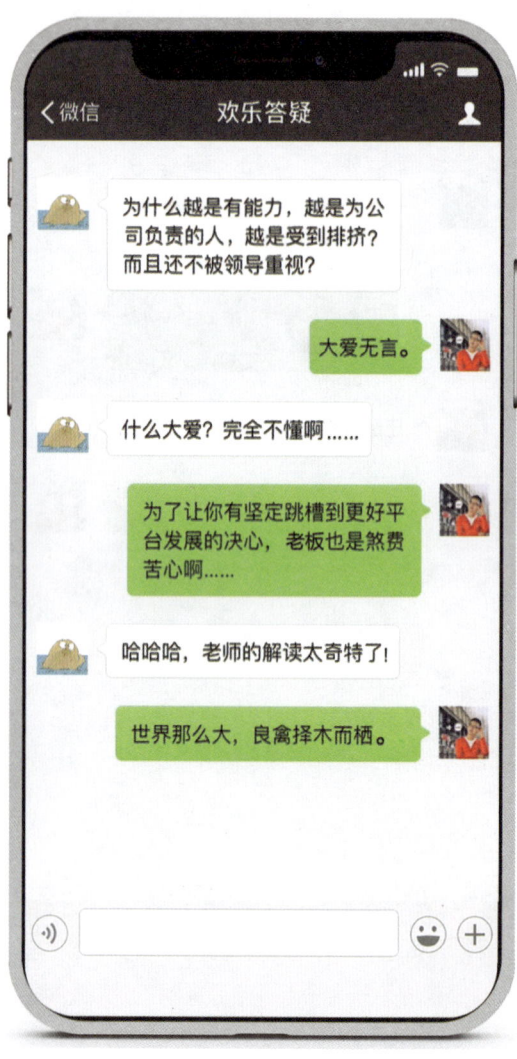

微点评 为了让你早日脱离苦海,老板也是煞费苦心啊。

042 辅导员之累

微点评 想开点，想开点，想开点……

043 出去闯闯

微点评
1. 你所谓的出去闯闯具体指什么?
2. 要实现这样的梦想,你需要准备什么?
3. 当下,你可以迈出的第一步是什么?

044 距离

职场

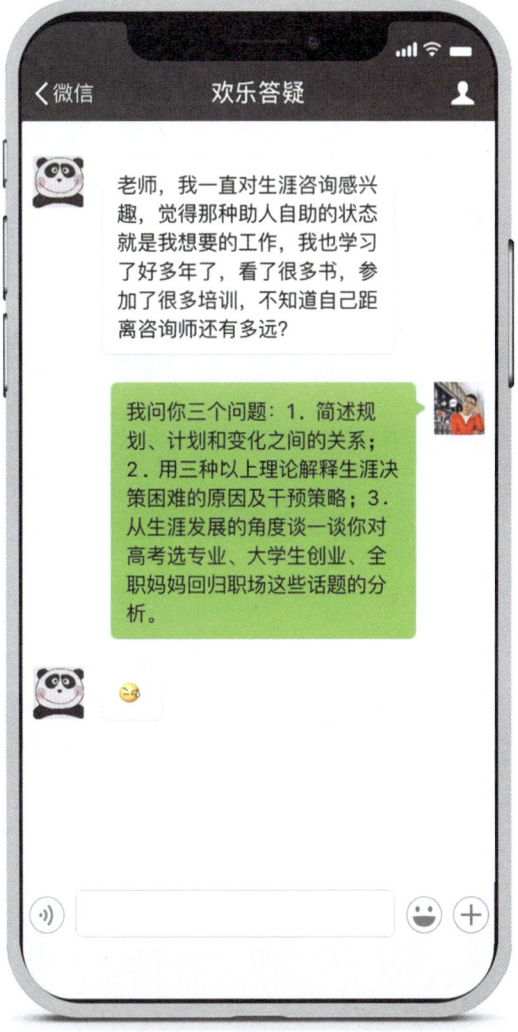

微点评 理性区分业余爱好和职业技能。

045 个人与公司

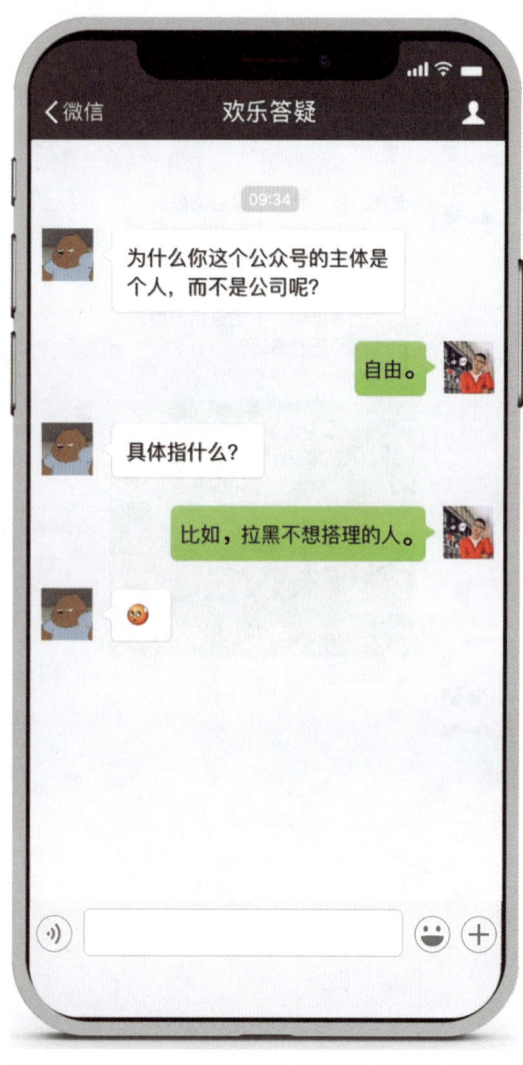

微点评 笼鸡有食汤锅近,野鹤无粮天地宽。

046 挑战

职场

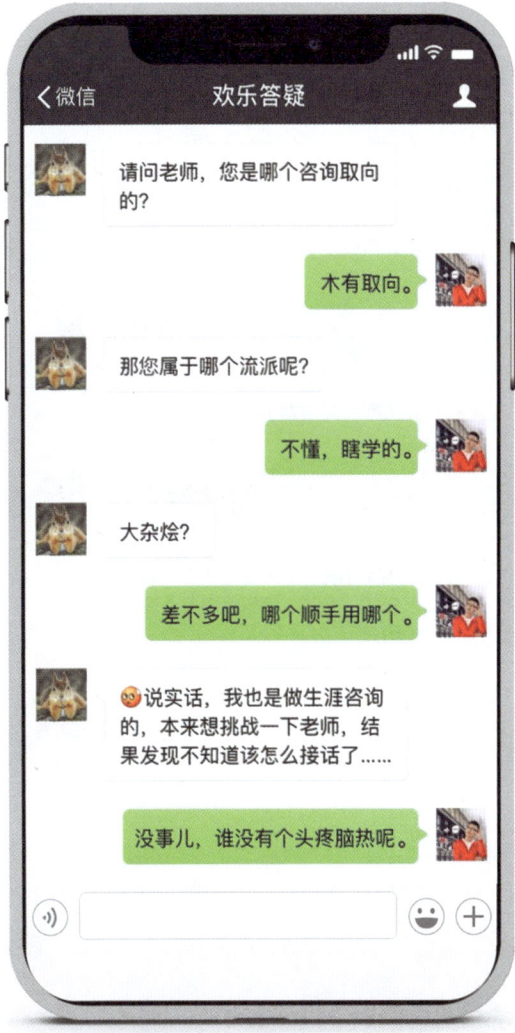

微点评 理论说不尽,各有妙与奇,如甘露似琼浆,天花散缤纷……

047 各有千秋

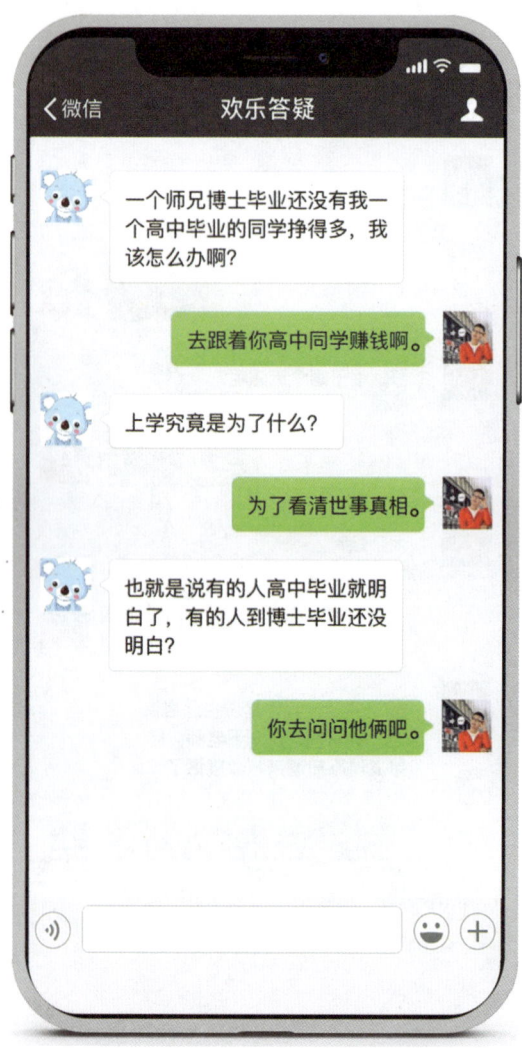

微点评 无论高中的同学赚多少钱,也无论博士师兄有没有失落感,关键是,你追求的生活是什么?

048 寒暑假

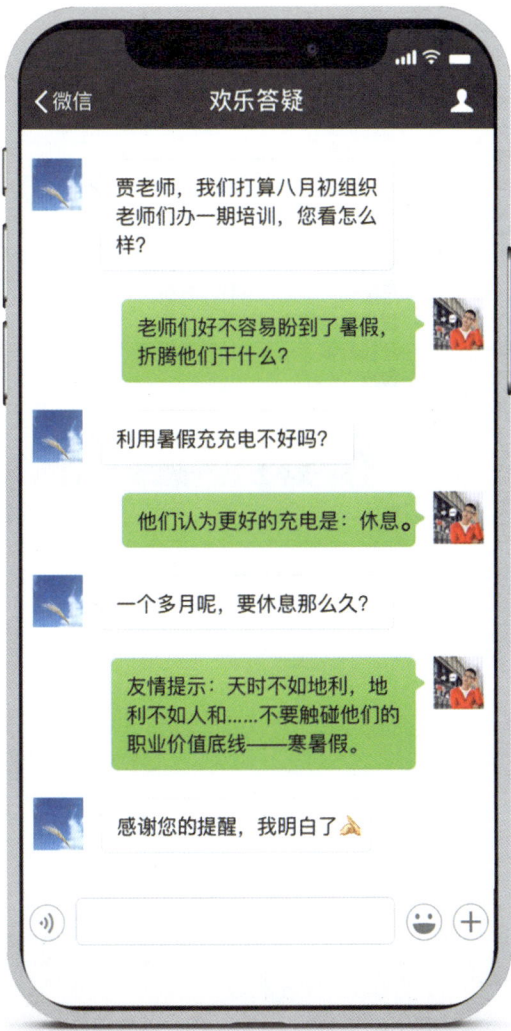

微点评 曾经有一位老师跟我说：假如用我的年薪除以 9 个月，我还能接受；假如用我的年薪除以 12 个月，我肯定会辞职。

049 有恃无恐

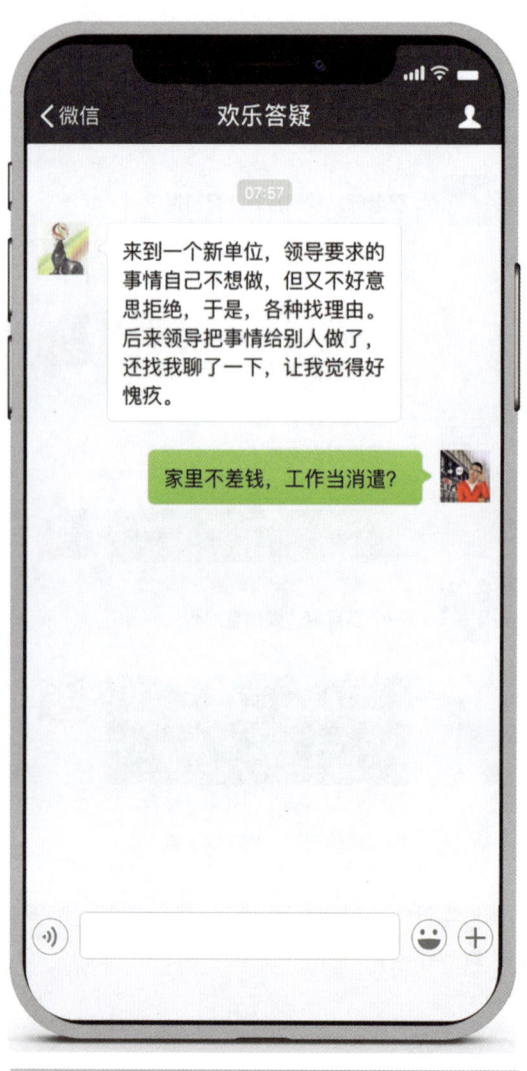

来到一个新单位,领导要求的事情自己不想做,但又不好意思拒绝,于是,各种找理由。后来领导把事情给别人做了,还找我聊了一下,让我觉得好愧疚。

家里不差钱,工作当消遣?

微点评 这样的领导,已经算是很好了吧。

050 擅长

— 工作两年了,怎样才能真正探索出来自己擅长什么?

— 你擅长什么,取决于两个因素:1.你系统学习过哪些学科的理论知识并且达到社会承认的水平?2.你能够胜任哪些事情,并且达到职业化的程度?

— 都没有🥺

— 想开点,有口饭吃就行。

微点评 自己擅长什么,看看个人简历上的教育背景和相关经验,就清楚了啊。

051 人才招聘

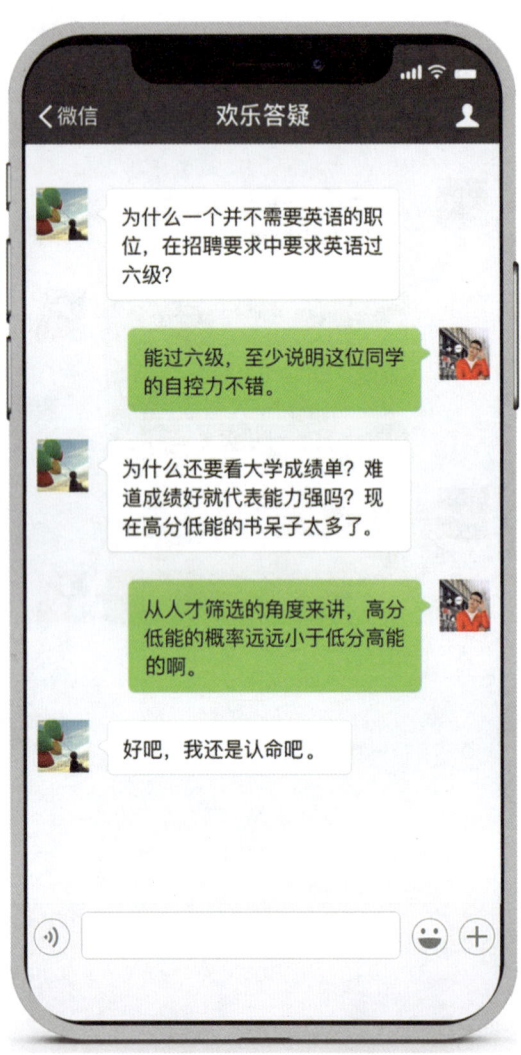

微点评　论大学成绩及相关证书在求职中的重要性。

052 竞岗演讲

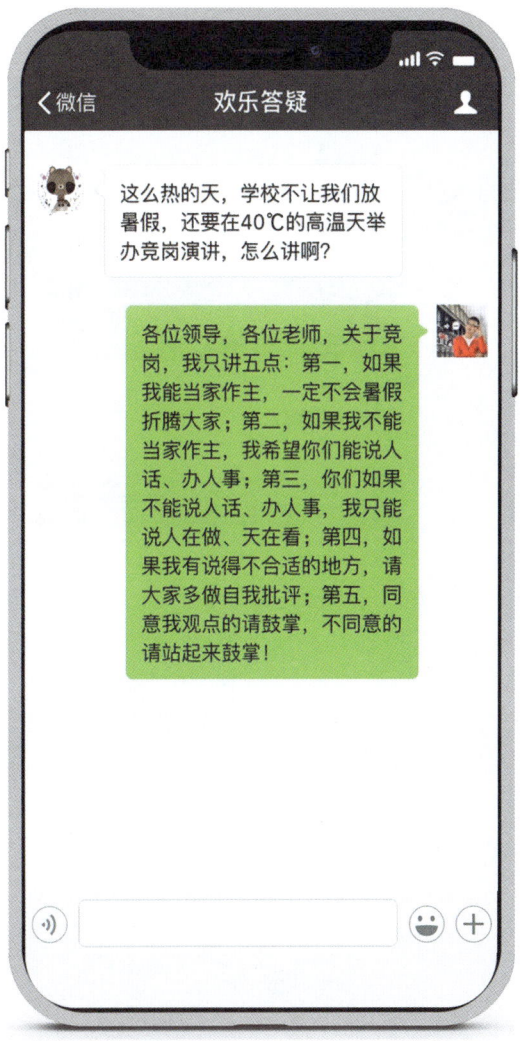

> 这么热的天,学校不让我们放暑假,还要在40℃的高温天举办竞岗演讲,怎么讲啊?

> 各位领导,各位老师,关于竞岗,我只讲五点:第一,如果我能当家作主,一定不会暑假折腾大家;第二,如果我不能当家作主,我希望你们能说人话、办人事;第三,你们如果不能说人话、办人事,我只能说人在做、天在看;第四,如果我有说得不合适的地方,请大家多做自我批评;第五,同意我观点的请鼓掌,不同意的请站起来鼓掌!

微点评 如果这样演讲还能成功晋升的话,那么,这个学校一定前途无量。

053 电话销售

微点评 你想知道我们接到推销电话的心情吗?

054 我的课件

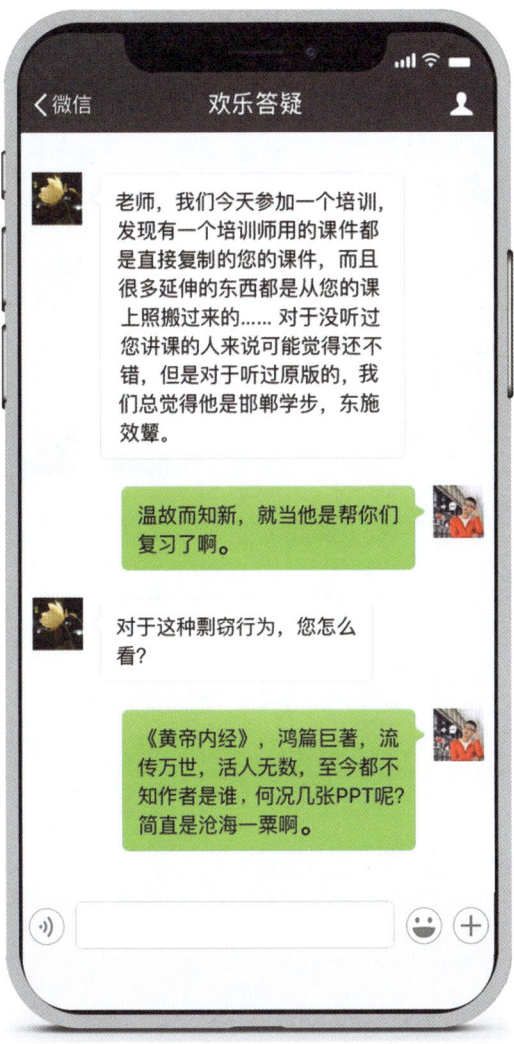

> 老师,我们今天参加一个培训,发现有一个培训师用的课件都是直接复制的您的课件,而且很多延伸的东西都是从您的课上照搬过来的……对于没听过您讲课的人来说可能觉得还不错,但是对于听过原版的,我们总觉得他是邯郸学步,东施效颦。

> 温故而知新,就当他是帮你们复习了啊。

> 对于这种剽窃行为,您怎么看?

> 《黄帝内经》,鸿篇巨著,流传万世,活人无数,至今都不知作者是谁,何况几张PPT呢?简直是沧海一粟啊。

微点评 这就是——认知与情绪的关系。

055 关于答疑

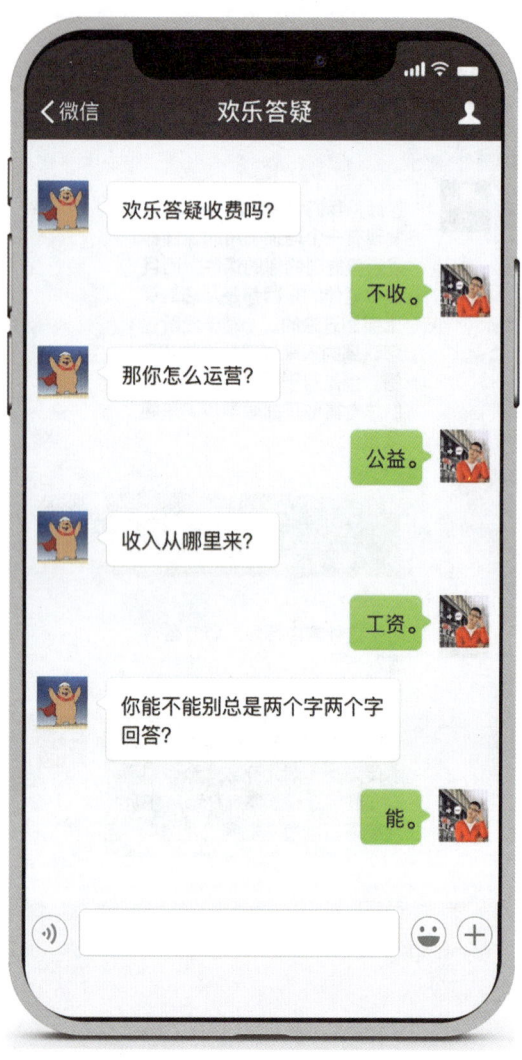

微点评 如果收费,估计我就不得不改变风格了。

056 医者仁心

> 老师,我也是一名心理咨询师,我想知道怎样让来访者找到我?

> 随缘。

> 我可能没有表达清楚,我想知道,怎样让来访者多一些?

> 但愿世人无病痛,何惜架上药生尘。

> 可是,我也要生存啊。

> 医乃活人术,莫作谋生计。

微点评 慢慢来吧,这个行业最有效的营销策略就是——口碑。

057 课件与讲课

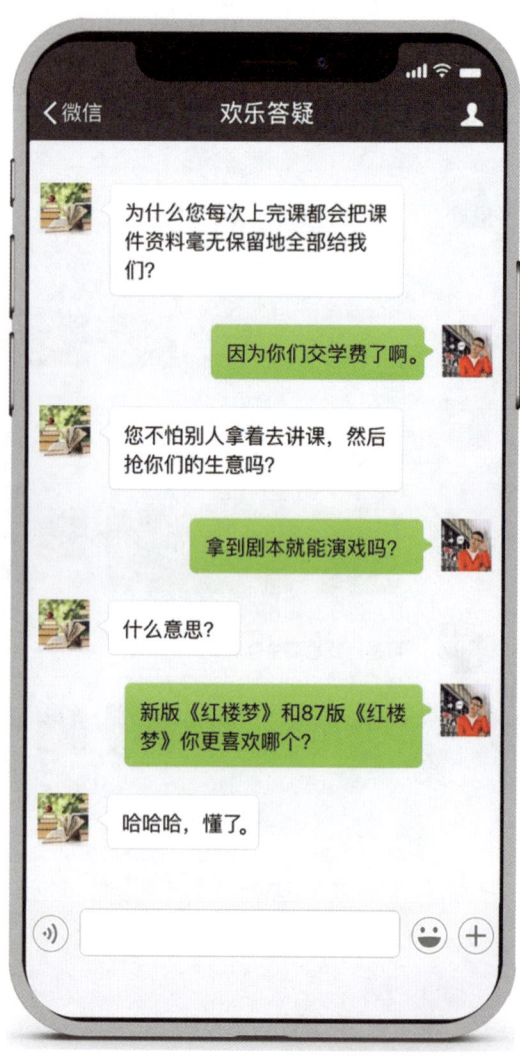

微点评 拥有课件不等于会讲课。

058 专注与努力

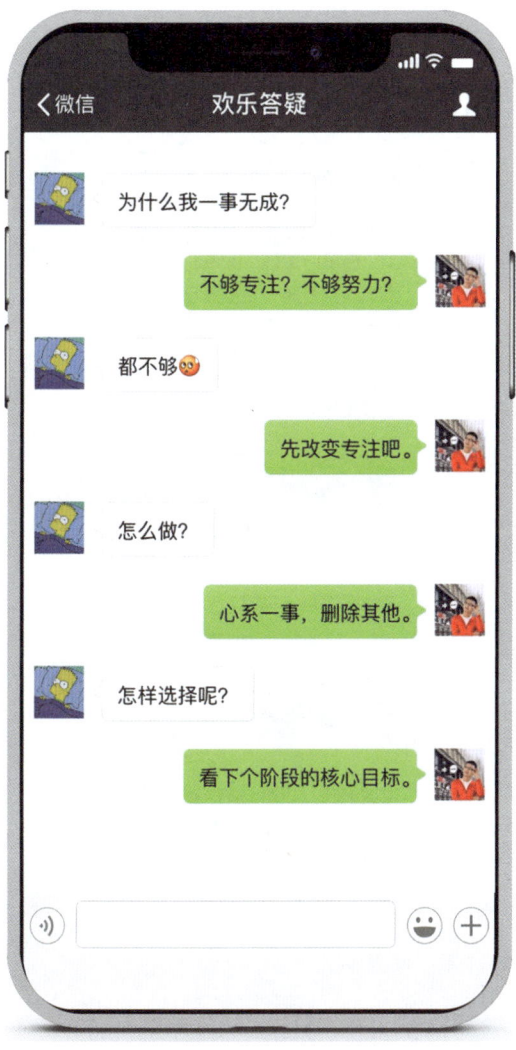

微点评 专注的第一步：清晰目标。

059 医生绩效

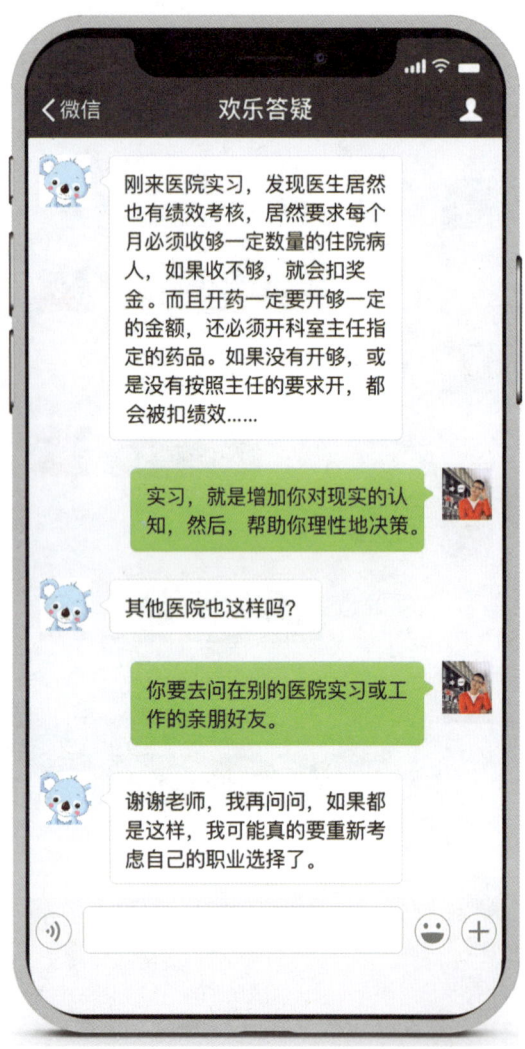

刚来医院实习，发现医生居然也有绩效考核，居然要求每个月必须收够一定数量的住院病人，如果收不够，就会扣奖金。而且开药一定要开够一定的金额，还必须开科室主任指定的药品。如果没有开够，或是没有按照主任的要求开，都会被扣绩效……

实习，就是增加你对现实的认知，然后，帮助你理性地决策。

其他医院也这样吗？

你要去问在别的医院实习或工作的亲朋好友。

谢谢老师，我再问问，如果都是这样，我可能真的要重新考虑自己的职业选择了。

微点评 其实，从事咨询工作也可以让我们了解很多行业的"内幕"。

060 仕途

微点评　道理人人都懂，又有多少人能够经受得住诱惑和考验呢？

061 实习护士

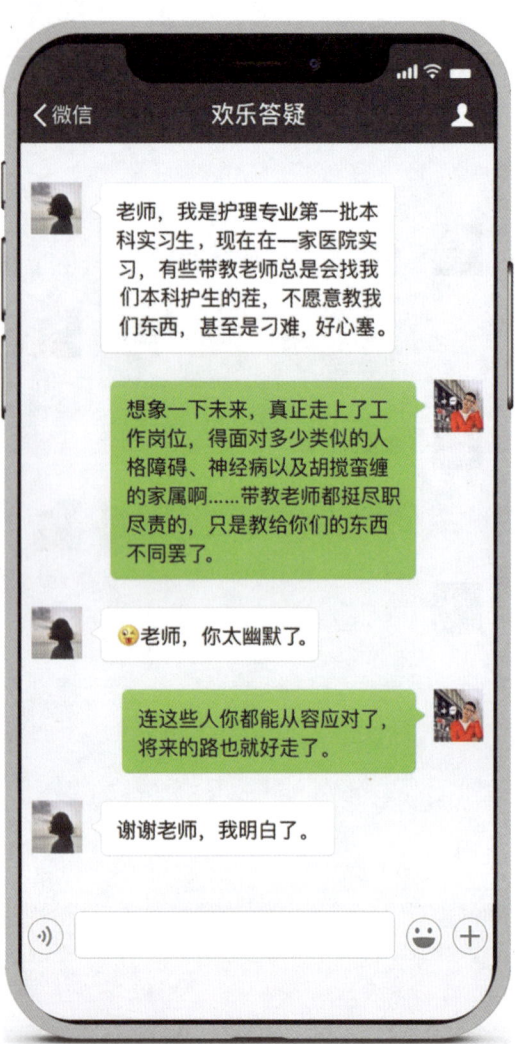

老师,我是护理专业第一批本科实习生,现在在一家医院实习,有些带教老师总是会找我们本科护生的茬,不愿意教我们东西,甚至是刁难,好心塞。

想象一下未来,真正走上了工作岗位,得面对多少类似的人格障碍、神经病以及胡搅蛮缠的家属啊……带教老师都挺尽职尽责的,只是教给你们的东西不同罢了。

😝老师,你太幽默了。

连这些人你都能从容应对了,将来的路也就好走了。

谢谢老师,我明白了。

微点评 处处留心皆学问。

062 销售的心态

微点评 勿忘初心!

063 销售的要求

微点评　状元才——知识面广,和各种人都有交集。
英雄胆——敢于挑战各种不可能。
城墙厚的一张脸——百折不挠的意志力。

064 自我与环境

职场

微点评 当我们不是游戏规则的制定者,而只是一个参与者的时候,我们只有两个选择:要么玩,要么滚。

065 众望所归

微点评 天时不如地利,地利不如人和,人心涣散,预示大厦将倾。

066 想与能

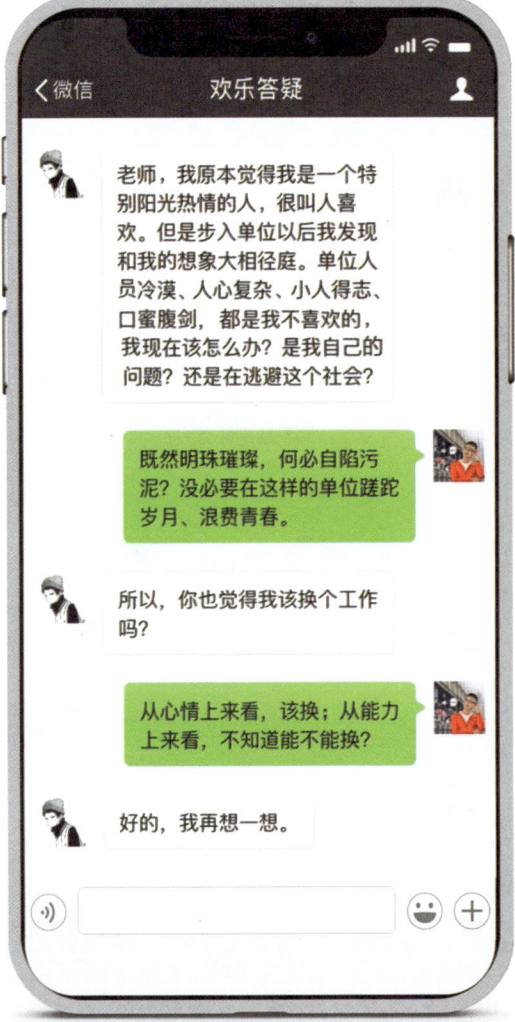

> 老师,我原本觉得我是一个特别阳光热情的人,很叫人喜欢。但是步入单位以后我发现和我的想象大相径庭。单位人员冷漠、人心复杂、小人得志、口蜜腹剑,都是我不喜欢的,我现在该怎么办?是我自己的问题?还是在逃避这个社会?

> 既然明珠璀璨,何必自陷污泥?没必要在这样的单位蹉跎岁月、浪费青春。

> 所以,你也觉得我该换个工作吗?

> 从心情上来看,该换;从能力上来看,不知道能不能换?

> 好的,我再想一想。

微点评 虽然是金子到哪里都会发光,但是,请先搞清楚,你是不是金子?

067 职业价值观

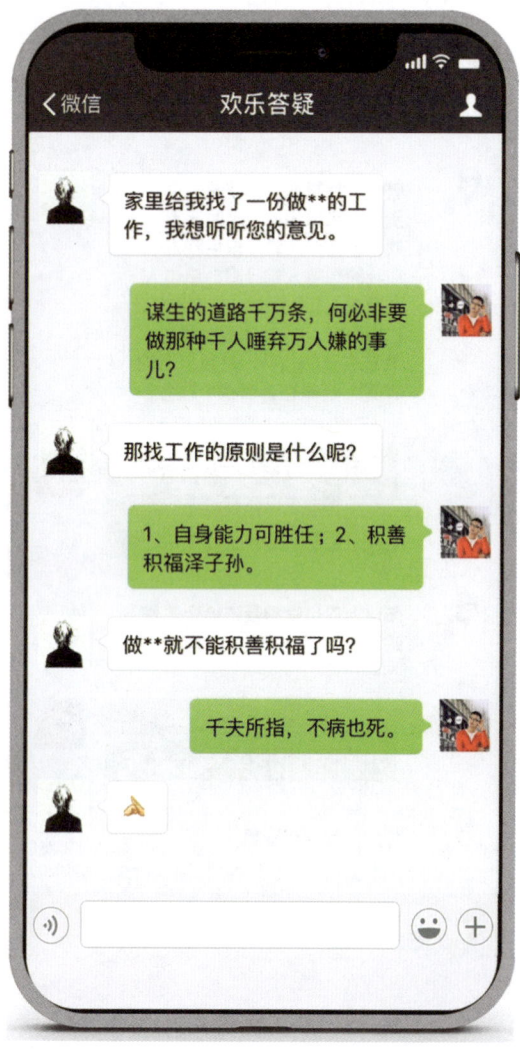

微点评 家有三斗粮,不做黑心肠。切记!切记!

068 学医不易

职场

微点评 生命中遇到的每一朵奇葩,都是来"渡"你的。

069 嫌弃老板

微点评 我们的自信有时候来自过往的经验,有时候来自现实的参考。

070 适合与需要

职场

微点评 当你不知道你该上哪趟车的时候,先问问自己:我要去哪里?

071 老师的烦恼

微点评　你知道为什么我会开通欢乐答疑了吧?

072 建议

微点评　可以说是很贴心了。

073 工作不满意

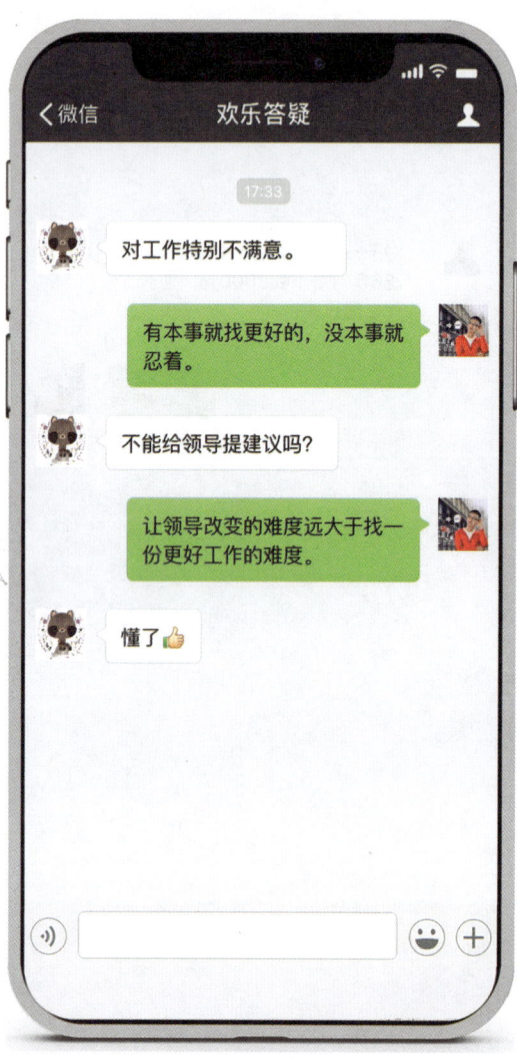

对工作特别不满意。

有本事就找更好的,没本事就忍着。

不能给领导提建议吗?

让领导改变的难度远大于找一份更好工作的难度。

懂了👍

微点评 仔细想一想——他努力地爬上来,是为了接受你的"改造"的?

074 课堂尴尬

职场

> 我去讲课,学生总是一副什么都懂的样子,怎么破?

> 先考试!满分的就可以不用来了。

> 👍我怎么就没有想到呢。

微点评 请把对过程的关注转向结果。

075 斗与逗

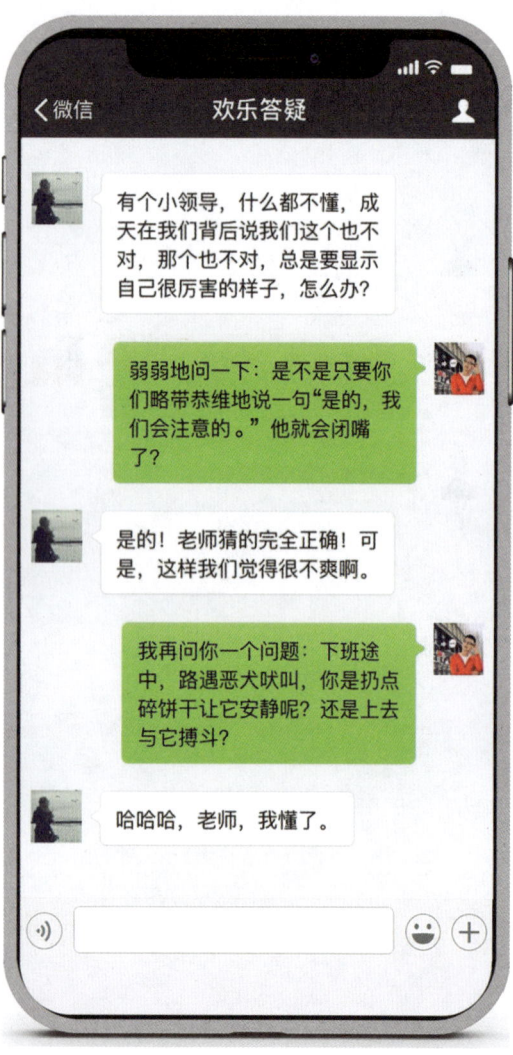

微点评 我们无法改变他们,但是,我们可以让自己远离伤害。

076 演讲紧张

职场

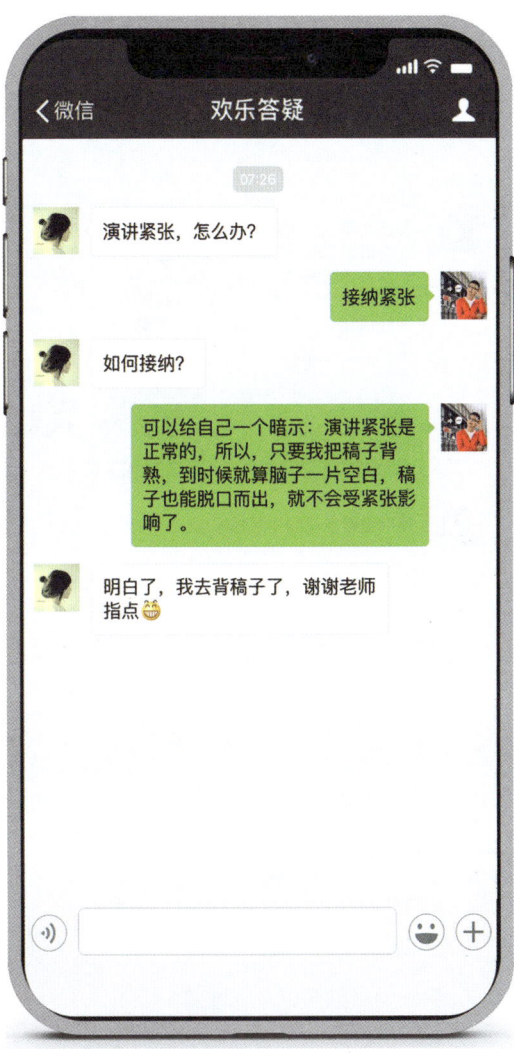

微点评 克服紧张最好的办法就是顺其自然，为所当为。

077 同事的幸福

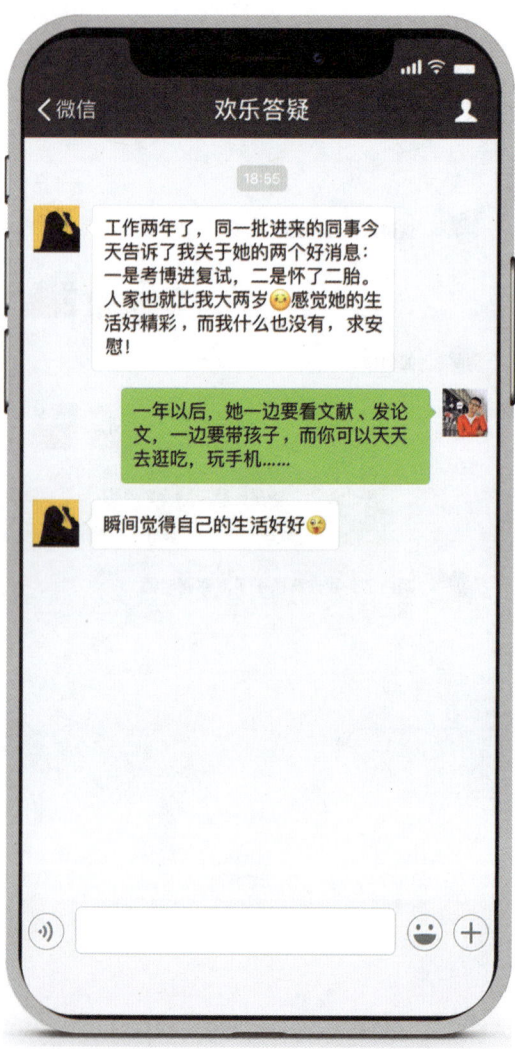

微点评 有句话叫作：敌人的强大带给我们的痛苦，远远小于朋友的幸福。

078 企业之运

职场

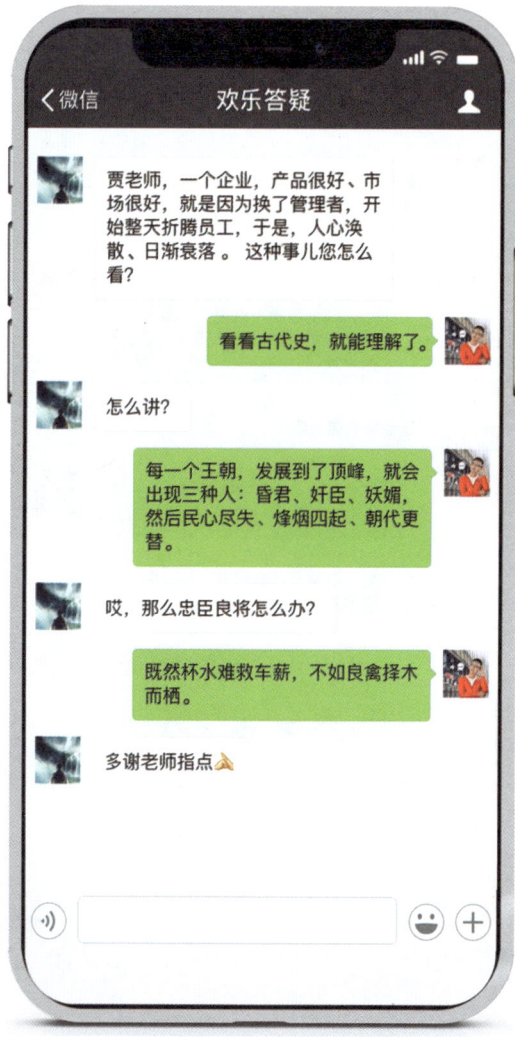

> 贾老师,一个企业,产品很好、市场很好,就是因为换了管理者,开始整天折腾员工,于是,人心涣散、日渐衰落。这种事儿您怎么看?

看看古代史,就能理解了。

> 怎么讲?

每一个王朝,发展到了顶峰,就会出现三种人:昏君、奸臣、妖媚,然后民心尽失、烽烟四起、朝代更替。

> 哎,那么忠臣良将怎么办?

既然杯水难救车薪,不如良禽择木而栖。

> 多谢老师指点🙏

微点评　以史为镜,可以知兴衰。

079 领导发飙

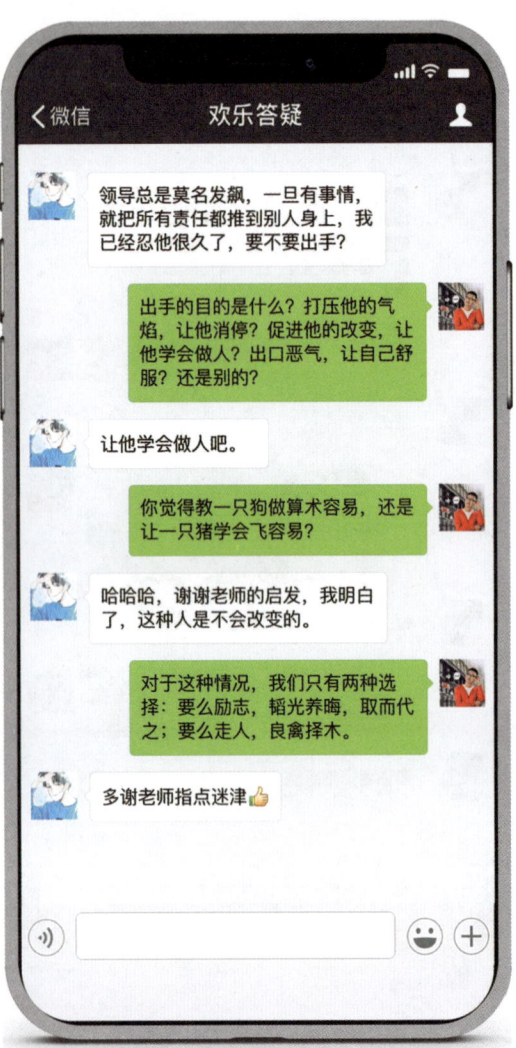

微点评 论澄清动机的重要性。

080 所谓合适

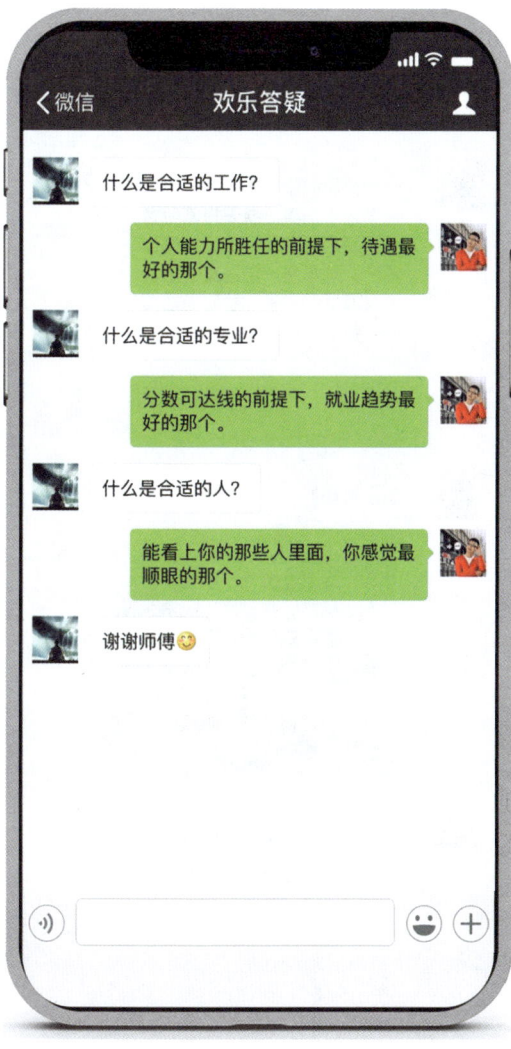

微点评 这就是匹配的内涵。

081 好生之德

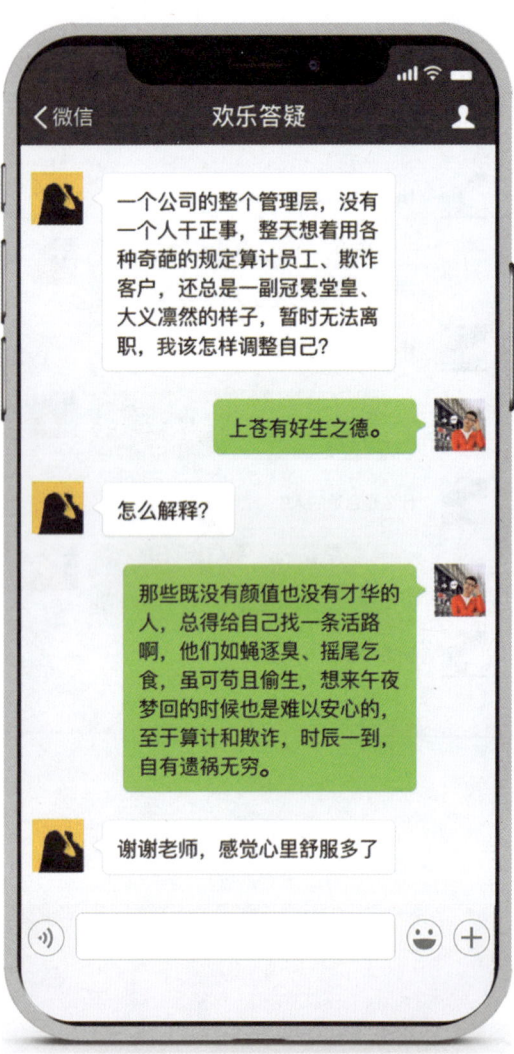

微点评 有时候，不免替这些人感到悲凉。

082 职业选择

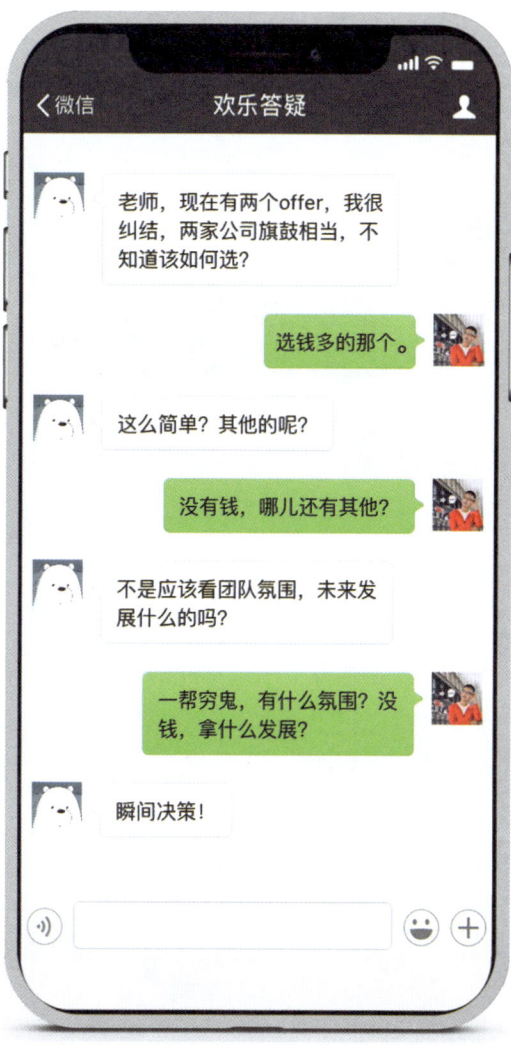

微点评 现实一点，理性一点。

083 离职原因

员工离职的原因有哪些?

钱少活多离家远,人微言轻无尊严。

微点评 其实,也就两个原因:要么是钱没给到位,要么是心里受够了委屈。

084 良禽择木

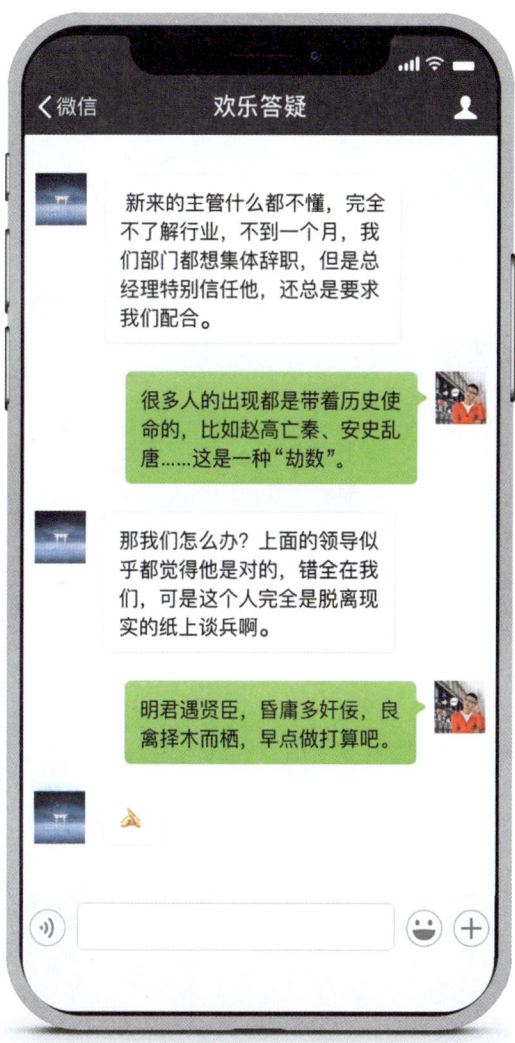

> 新来的主管什么都不懂,完全不了解行业,不到一个月,我们部门都想集体辞职,但是总经理特别信任他,还总是要求我们配合。

> 很多人的出现都是带着历史使命的,比如赵高亡秦、安史乱唐……这是一种"劫数"。

> 那我们怎么办?上面的领导似乎都觉得他是对的,错全在我们,可是这个人完全是脱离现实的纸上谈兵啊。

> 明君遇贤臣,昏庸多奸佞,良禽择木而栖,早点做打算吧。

微点评 既然回天无力,不如全身而退。

085 时间底线

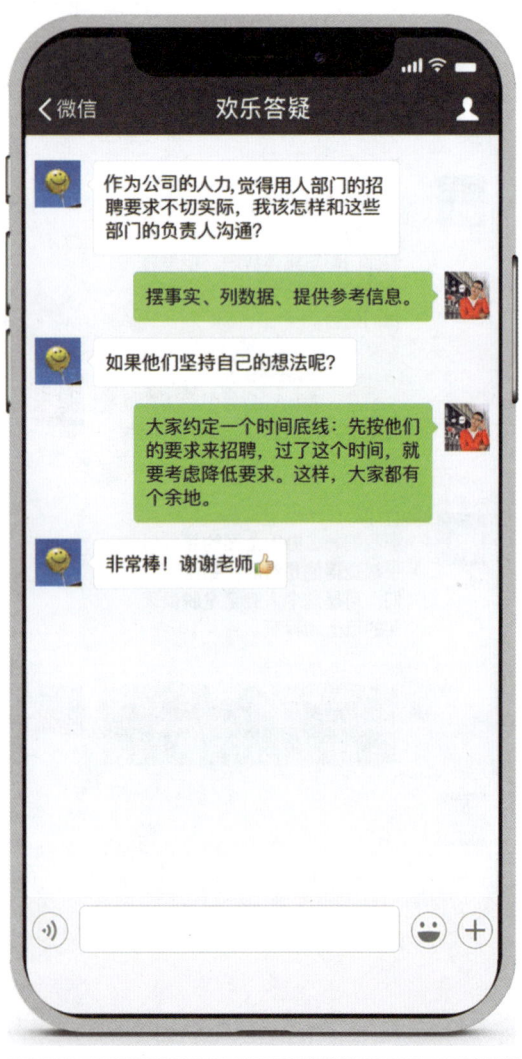

微点评 设置时间底线,就可以把不可控变为可控。

总是很在意别人的看法怎么办?
其实,你在意的那些人根本没空搭理你

人际

001 朋友的底线

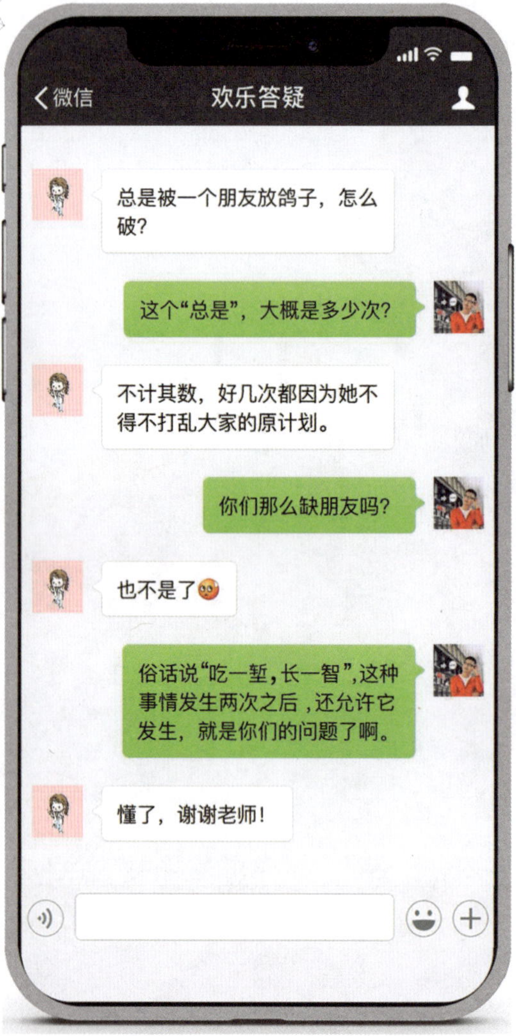

> 总是被一个朋友放鸽子,怎么破?

>> 这个"总是",大概是多少次?

> 不计其数,好几次都因为她不得不打乱大家的原计划。

>> 你们那么缺朋友吗?

> 也不是了😳

>> 俗话说"吃一堑,长一智",这种事情发生两次之后,还允许它发生,就是你们的问题了啊。

> 懂了,谢谢老师!

微点评 一切持续存在的毛病,都是因为惯的。

002 盲目自信

人际

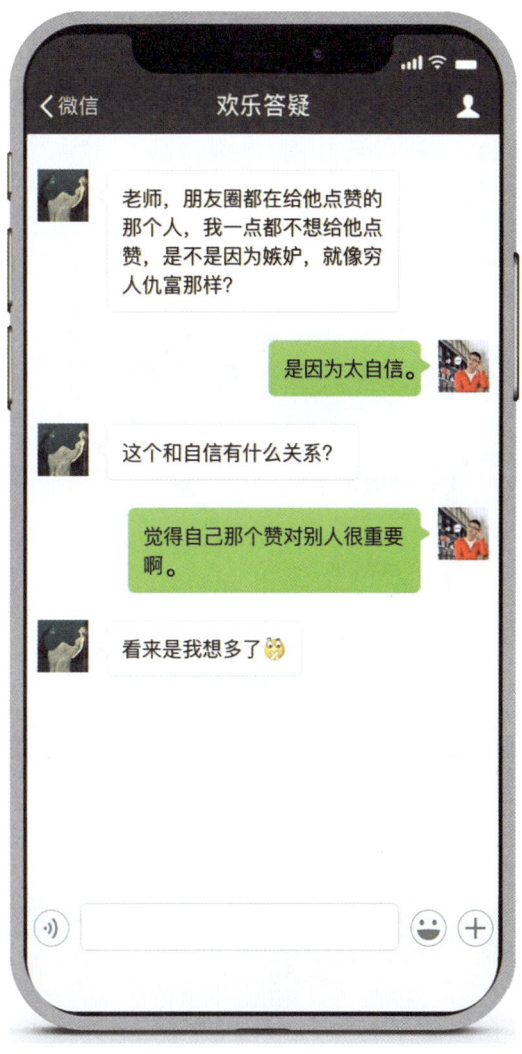

微点评 很多烦恼，都是因为太拿自己当回事儿了。

003 换宿舍

微点评　友谊如青松，经冬犹绿林；友谊若浮萍，随波飘散去。

004 正视奇葩

微点评　奇葩年年有,今年特别多,逃避是不可能的,学会面对是必须的。

005 希望与必须

微点评 压力,往往是因为我们把"希望"当成了"必须"。

006 婉拒

微点评 你去问问那些无数次立志减肥的人,就知道这句话的分量了。

007 性格与人际

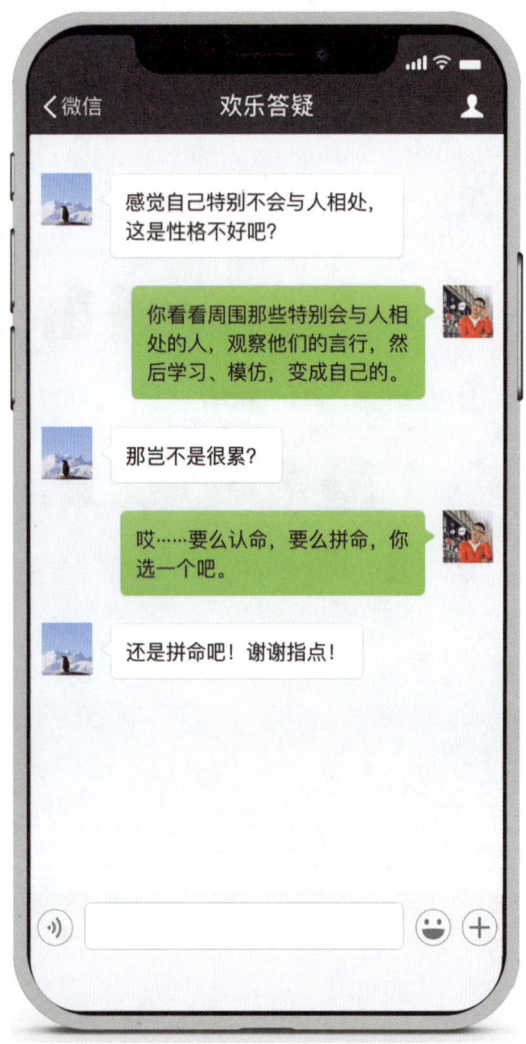

> 感觉自己特别不会与人相处,这是性格不好吧?

> 你看看周围那些特别会与人相处的人,观察他们的言行,然后学习、模仿,变成自己的。

> 那岂不是很累?

> 哎……要么认命,要么拼命,你选一个吧。

> 还是拼命吧!谢谢指点!

微点评 人际关系的能力都是通过观察、模仿和不断练习而获得的。

另外,性格可以作为你理解自己和他人的途径,而不能作为逃避现实的借口。

008 舍友打呼噜

人际

微点评 以上方法并不可取,如果周围的人打呼噜,一定要真诚地告诉对方:打呼噜是可以治疗的,为了自己的健康和未来的幸福,还是早发现早治疗为好,尤其是女生。

009 顺水推舟

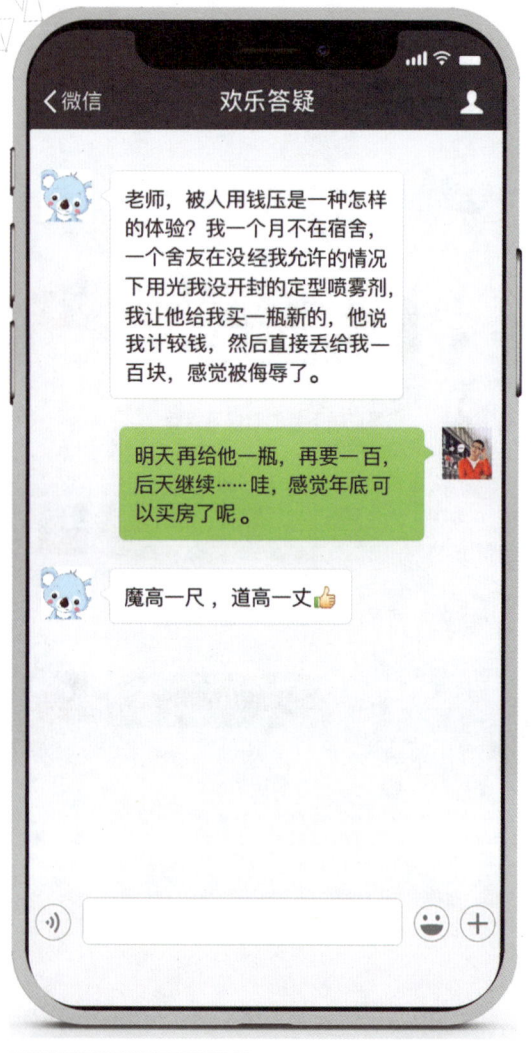

微点评 从前,有个亿万富翁挑衅别人:"只要你叫我一声爸爸,我就给你 100 块钱",后来,那个人被叫破产了……

010 谁先道歉

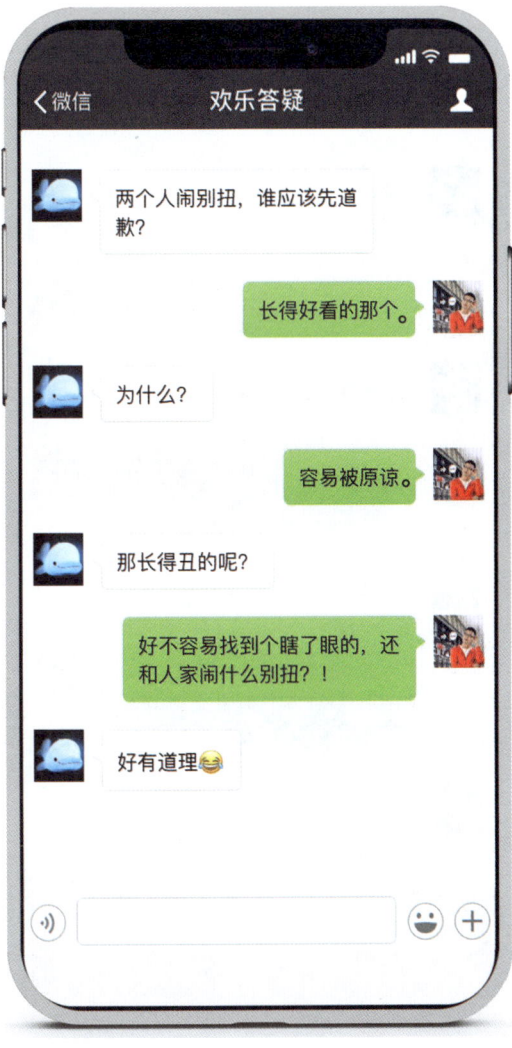

微点评 其实，先道歉，并不代表你真的做错了什么，而是说明你更在意这份情谊。

011 坦荡与复杂

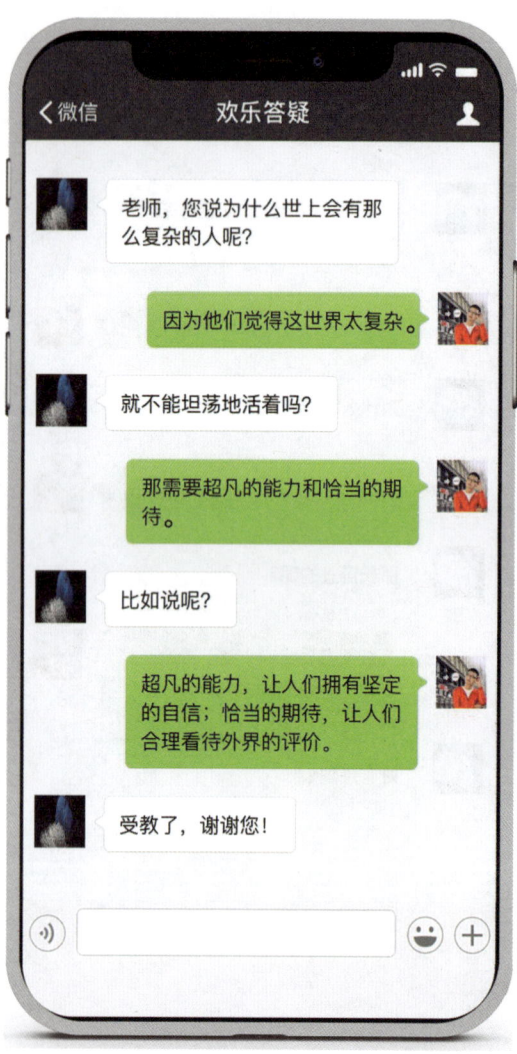

微点评 其实，认清真实自我，认清现实游戏规则，少一些不合理的期待，也就能够清静自如地活着了。

012 室友好无聊

人际

> 觉得室友都活得好无聊,打游戏、看片、泡吧……

> 世界那么大,宿舍只是一张床而已。

> 可是,我很担心被他们影响。

> 外因只有通过内因才能起作用。

> 我该怎么做?

> 去做自己认为有价值的事情吧,世上那么多活得有意义的人等着与你并肩同行呢。

微点评 世界那么大,值得交往的人还有很多。

013 脸大

微点评 提醒那位朋友,在被自己的朋友反唇相讥时,请保持朋友应有的风度。

当然,脸那么大,想翻脸估计也不容易……

014 朋友忽冷忽热

人际

微点评 遇到这种阴晴不定的朋友,要找机会好好沟通一下,问一问对方有哪些忌讳或者敏感的方面,在以后的交往中可以刻意回避。这就是——明确底线,获得自由。

015 情商与智商

微点评 人生如戏,全靠演技,既然天生愚钝,那就岁月静好、知足常乐吧。

016 饲养员

微点评 卫生习惯是从小养成的，既然每个人的标准不同，我只能这样让你获得心里平衡了。

017 困顿之时

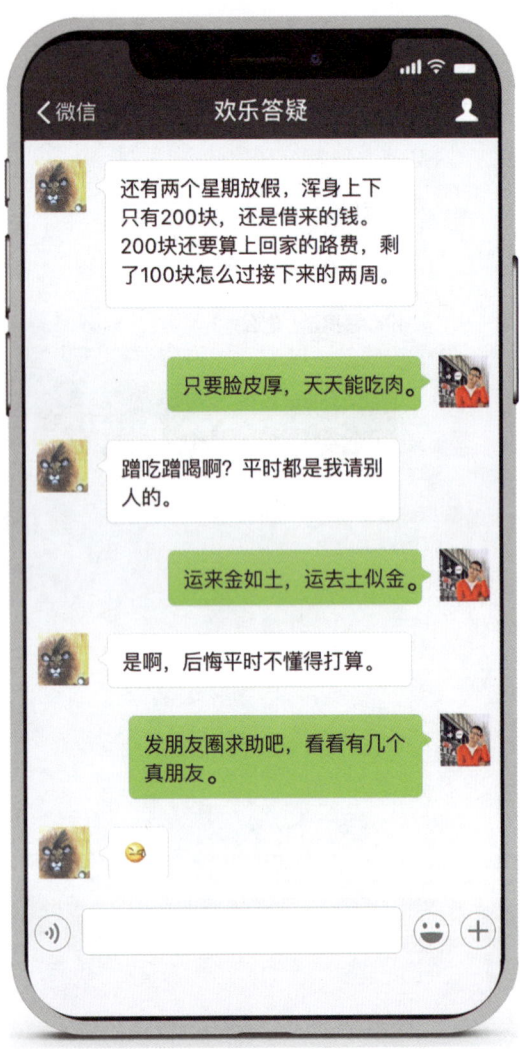

微点评 有钱有酒多兄弟,急难何曾见一人。 吃一堑,长一智。

018 寝室养猫

人际

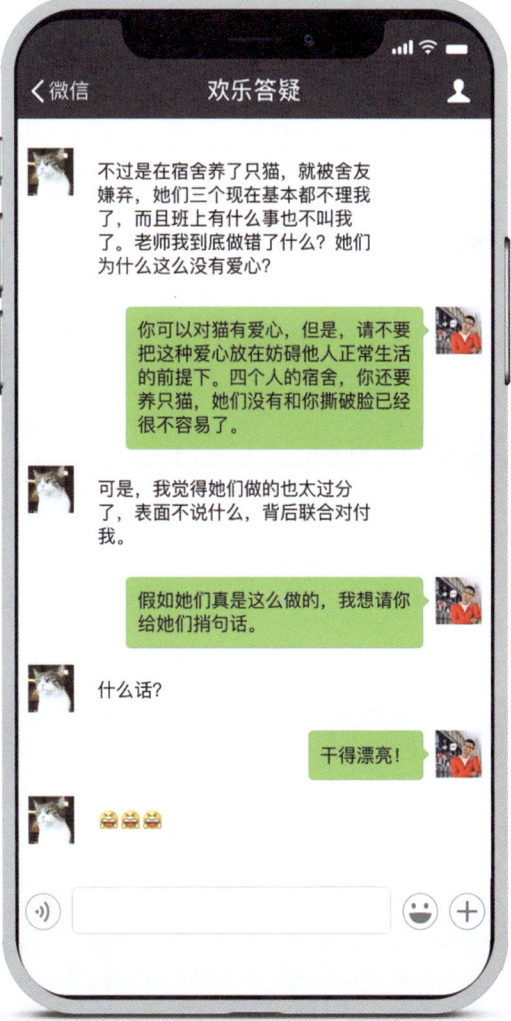

微点评 爱心，要放对地方；问题，要多沟通为好。其实，我们要反思的是，为什么别人不愿意当面和你沟通？

019 脸长

微点评　苏东坡讽妹——未出门前三五步,额头已至画堂前。
　　　　　苏小妹嘲兄——去年一滴相思泪,今年犹未到腮边。

020 话题选择

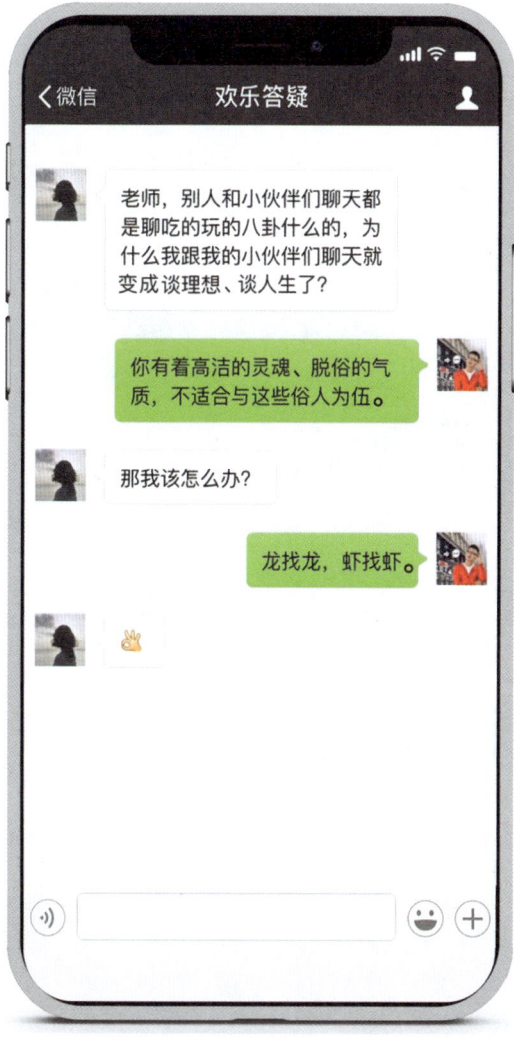

微点评 你不是人民币，所以，不要奢求人人都喜欢。

021 看不起

> 老师,怎样面对那些看不起你的人?

> 看得起我们的人我们还理不过来呢,哪儿有空搭理那些瞎了眼的?

> 好!

微点评 脑补宋小宝的名言——鄙视我的人多了,你算老几?

022 亲戚朋友

> 老师,您怎么看待亲戚?
>
> 富在深山有远亲,贫居闹市无人问。
>
> 朋友呢?
>
> 有钱有酒多兄弟,急难何曾见一人?
>
> 这么现实啊?
>
> 看得透,放得下,才自在。

微点评 语出《增广贤文》。

023 男女之间

微点评 关系即距离,虽说清者自清,但是毕竟人言可畏。

024 东施效颦

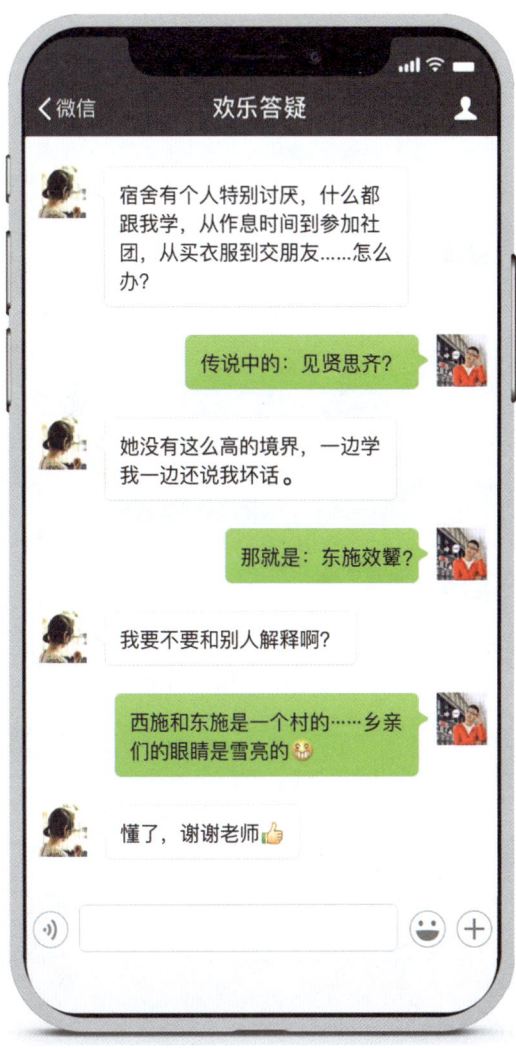

微点评 不要在意那些邯郸学步的人,他们连自我都迷失了,还有什么可以威胁你的?

025 存在感

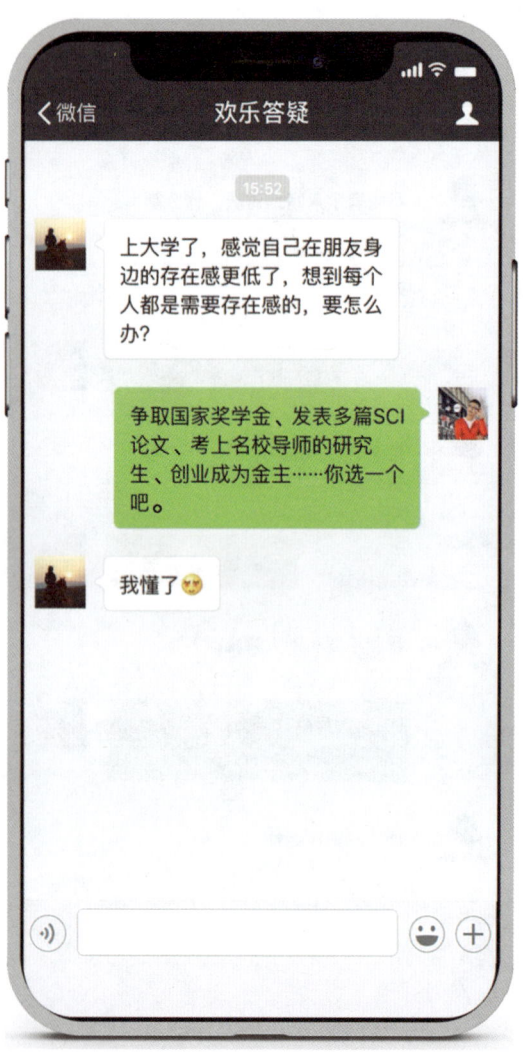

> 上大学了,感觉自己在朋友身边的存在感更低了,想到每个人都是需要存在感的,要怎么办?

> 争取国家奖学金、发表多篇SCI论文、考上名校导师的研究生、创业成为金主……你选一个吧。

> 我懂了😌

微点评   存在感,来自于你自身的价值。

026 容易发火

微点评 两个字——惯的!

027 将计就计

微点评 灭火的方法有两种,一种是浇水,另一种是扇风。

028 情商读物

人际

微点评　论区分文化差异的重要性。

029 功能设定

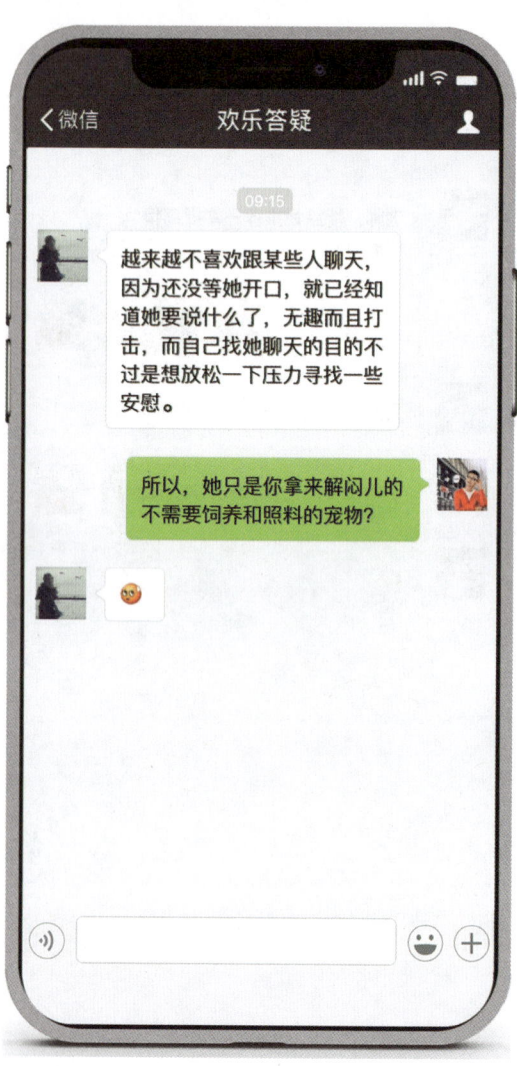

微点评　友情提示：知足常乐。

030 对手的恐惧

微点评　故事推荐：《蒋干盗书》。

031 家人与朋友

> 老师,我把舍友当作家人来看,掏心掏肺,可是后来才发现,人家根本不关心也不爱听你说。说实话还是很失落的,而且现在大部分大学生都是这样,是我过于敏感了吗?

> 他们不缺家人。

> 啊?他们缺什么?

> 恰当距离的朋友。

微点评 概念区分:同学、熟人、室友、朋友、知己……

032 室友的选择

> 有个室友平时很忙,有时间了,我约她,她要不就是说有人陪她就不去了,要不就是说不去,等我回来发现她和其他人出去了,是我的问题吗?

> 世界那么大,为什么你的眼里只有她?

微点评 世界上最悲催的事情就是——你把对方当"唯一",对方拿你当"之一"。

033 愚与善

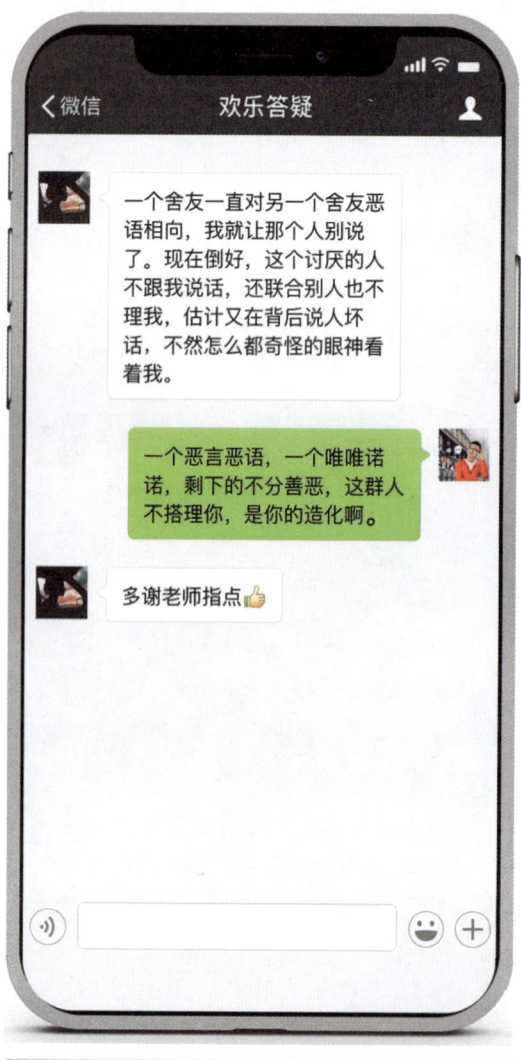

一个舍友一直对另一个舍友恶语相向,我就让那个人别说了。现在倒好,这个讨厌的人不跟我说话,还联合别人也不理我,估计又在背后说人坏话,不然怎么都奇怪的眼神看着我。

一个恶言恶语,一个唯唯诺诺,剩下的不分善恶,这群人不搭理你,是你的造化啊。

多谢老师指点👍

微点评 鲁迅先生曾经说过,白蛇自迷许仙,许仙自娶白蛇,和你一个和尚有什么关系?

034 母仪天下

微点评 也许你要反思的是：为什么你没有拒绝的能力？

035 人各有志

微点评 不能志同道合，至少可以互相尊重。

036 学会拒绝

人际

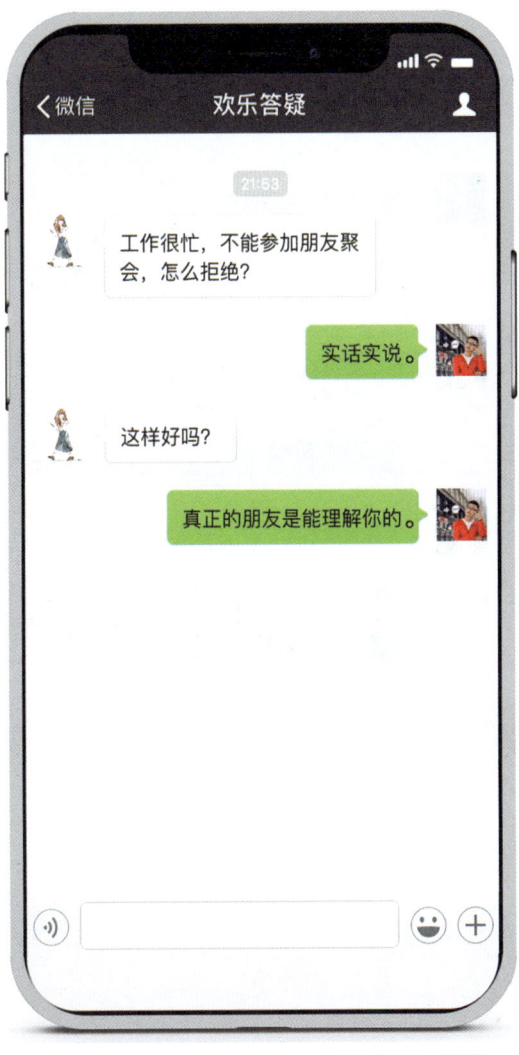

微点评 请重新思考你对"朋友"的定义。

037 越长大越孤单

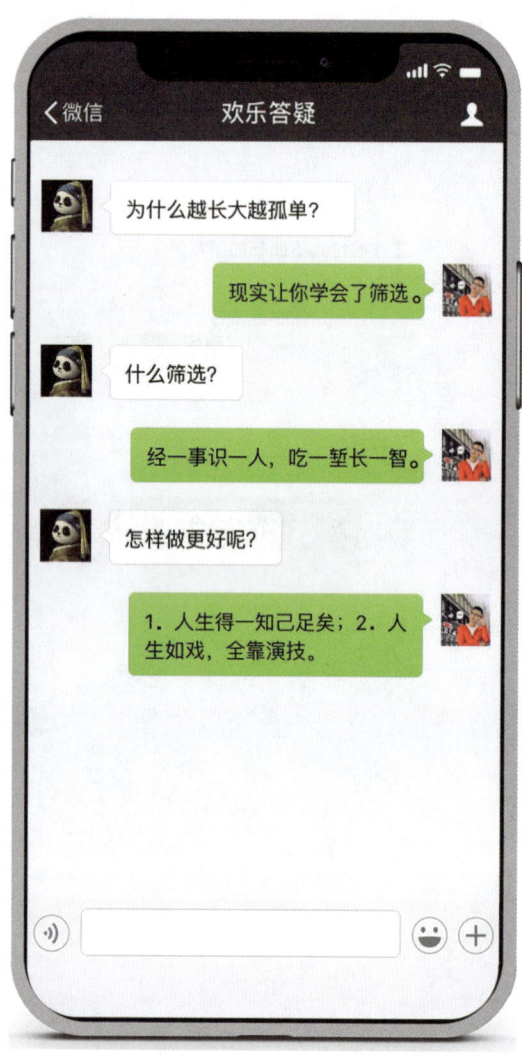

微点评 放下,即自在。

038 面对非议

微点评　只要自己问心无愧,相信时间终会证明一切。

039 背后说人

微点评 人人背后说人人，人人人前被人说——这就是现实生活。

040 后宫与微信

微点评 咨询师眼里的宫斗剧。

041 当语言无力

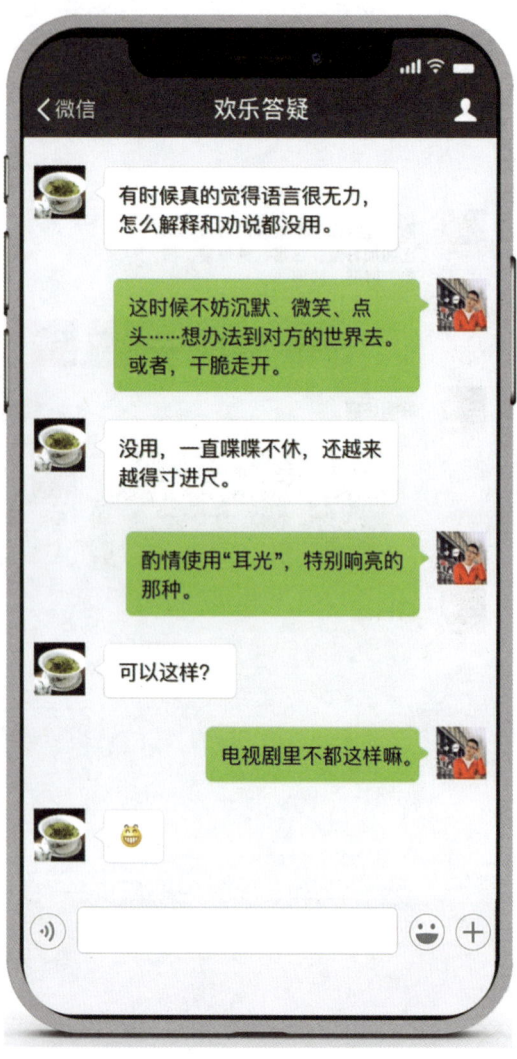

微点评 当别人已经让步,就不要再逼迫别人动手。

042 借钱

微点评 借钱给人，量力而行。

043 朋友越来越少

微点评　有句话：不怕被人利用，就怕你没有利用的价值。

044 在意别人的看法

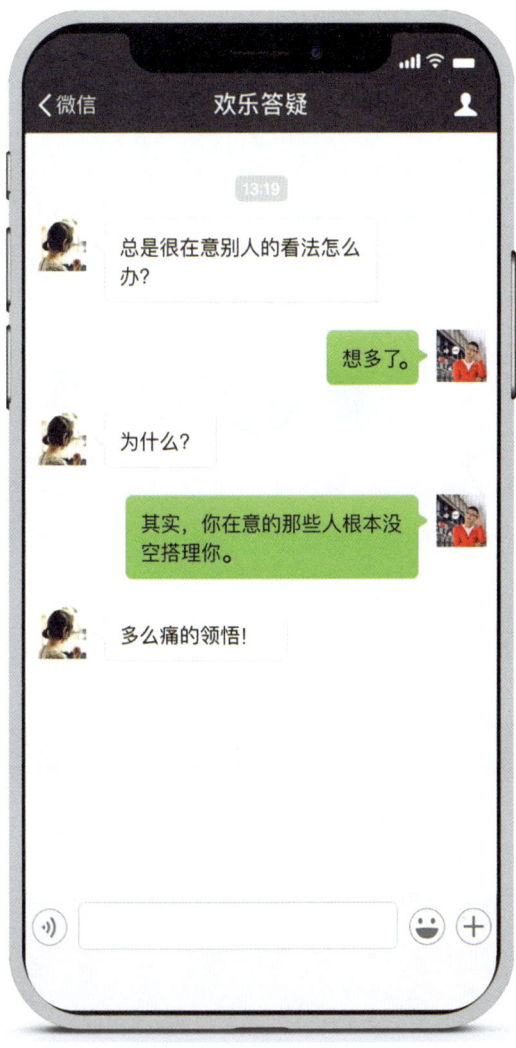

微点评 过于关注他人的看法，往往是把自己想象得太重要了。

045 人脉与朋友

贾老师,我发现社会上好像很流行人脉这个词,我感觉这是个很功利的概念,我也感受到了人脉的重要性,那人脉与朋友最大的区别是什么呢?

人脉,相互利用。朋友,相互依靠。

👍

微点评 打开手机通讯录,看看你的联系人,有多少是人脉,有多少是朋友。

脸长得太大，怎么办？
找一个脸比你大的人当朋友，形影不离

心理

001 安全感

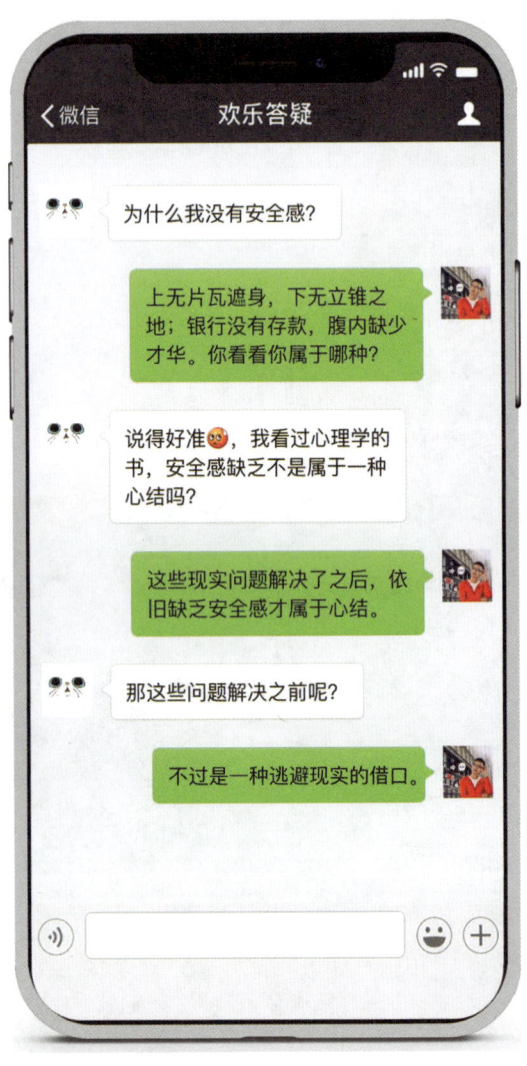

为什么我没有安全感?

上无片瓦遮身,下无立锥之地;银行没有存款,腹内缺少才华。你看看你属于哪种?

说得好准😳,我看过心理学的书,安全感缺乏不是属于一种心结吗?

这些现实问题解决了之后,依旧缺乏安全感才属于心结。

那这些问题解决之前呢?

不过是一种逃避现实的借口。

微点评 百度搜索马斯洛需求层次理论。

002 想多了

微点评　自恋加矫情综合征。

003 女神,女侠与公主病

微点评　各花入各眼,匹配最重要。

004 发言紧张

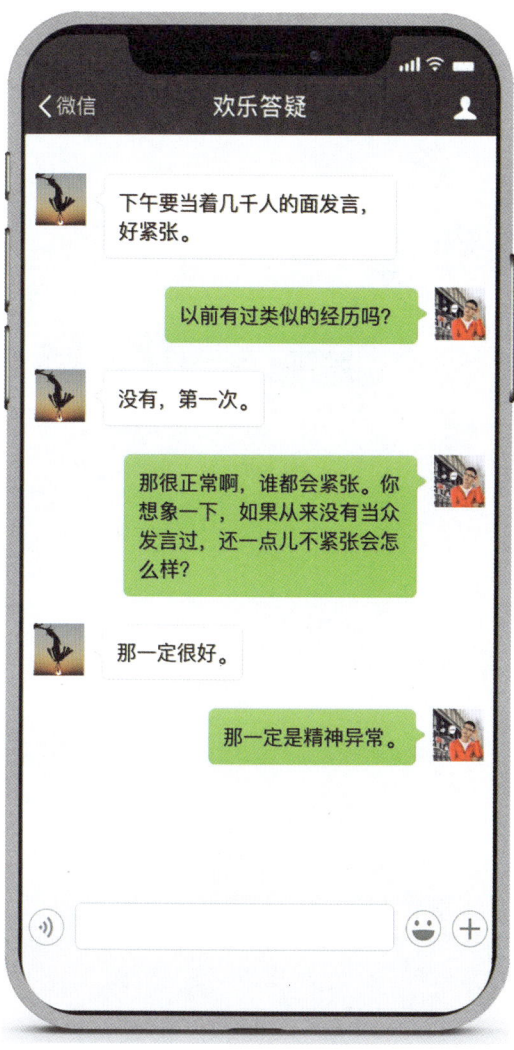

—— 下午要当着几千人的面发言,好紧张。
—— 以前有过类似的经历吗?
—— 没有,第一次。
—— 那很正常啊,谁都会紧张。你想象一下,如果从来没有当众发言过,还一点儿不紧张会怎么样?
—— 那一定很好。
—— 那一定是精神异常。

微点评 所有的从容不迫都是练出来的。

005 咨询关系

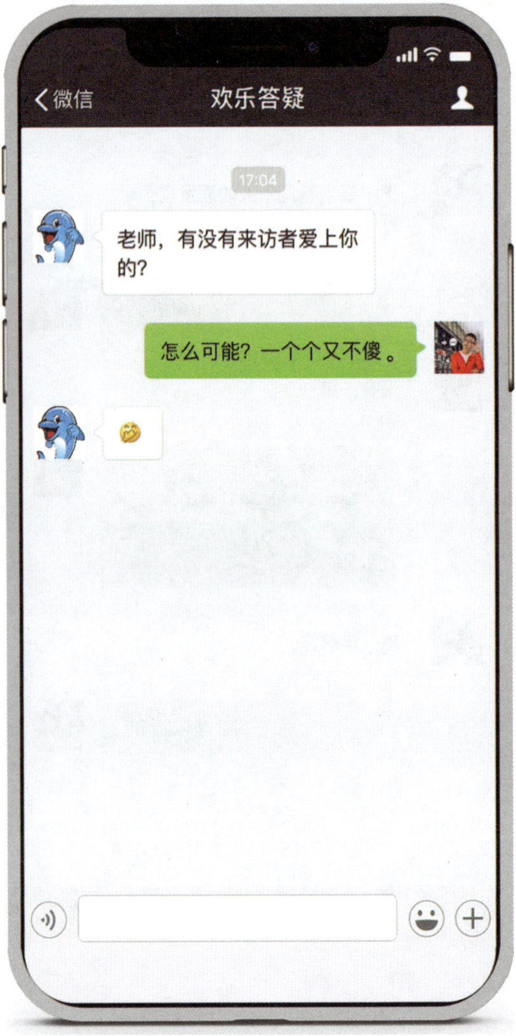
微信
欢乐答疑
17:04
老师，有没有来访者爱上你的？
怎么可能？一个个又不傻。

微点评 曾经有人说过，我周围的好朋友分为两类：圣人和奇葩。

006 学习分享会

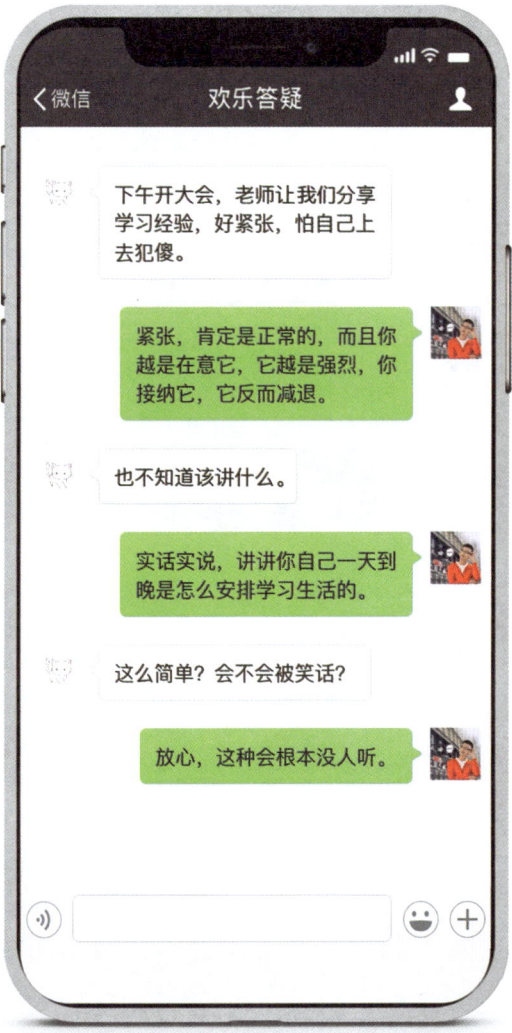

微点评　降低期待,瞬间释然。

007 咨询师的建议

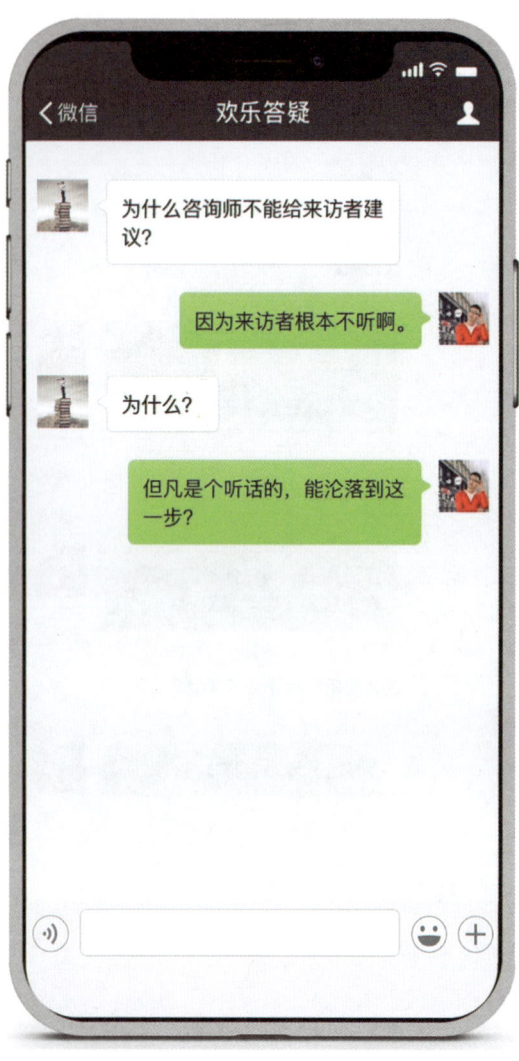

微点评 事实上,来访者在自己的生活中并不缺乏建议,他们找到我们需要的是专业的评估与分析。

008 接纳与改变

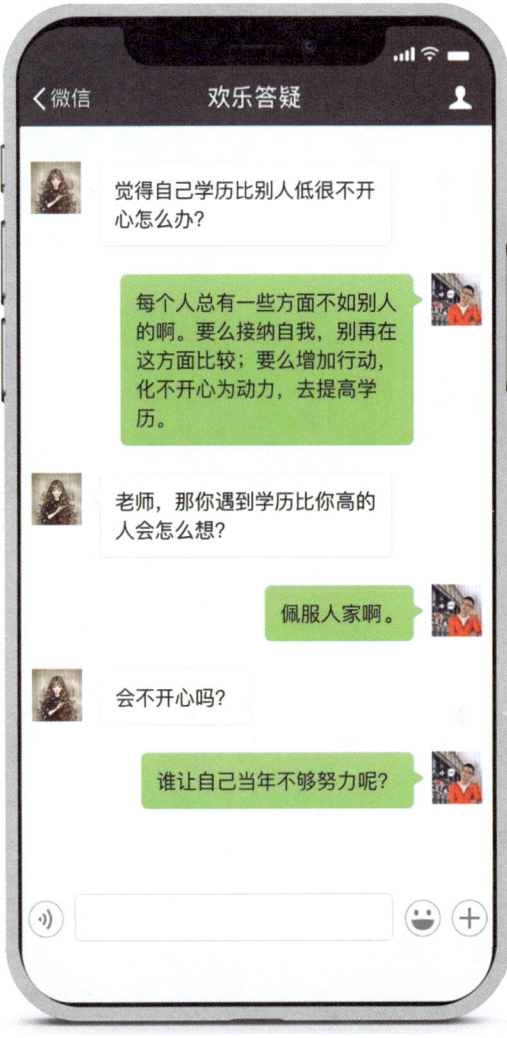

微点评　面对差异,我们往往只有两个选择:要么认命,要么拼命。

009 核心问题

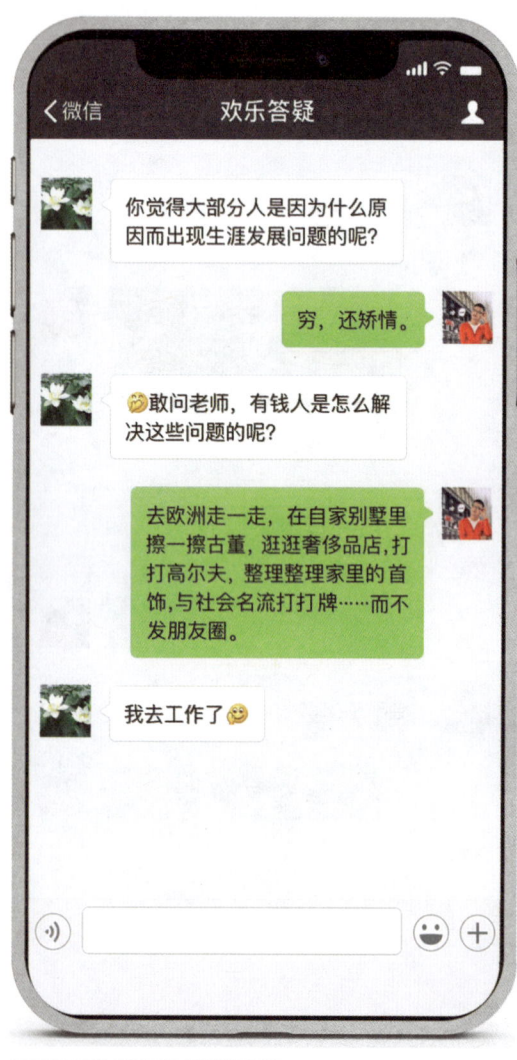

微点评 仓廪实而知礼节，衣食足而知荣辱：先谋生，再谈其他。

010 性格与人格

微点评 性格 + 环境要求 + 个人能力 = 人格。

011 焦虑、抑郁和恐怖

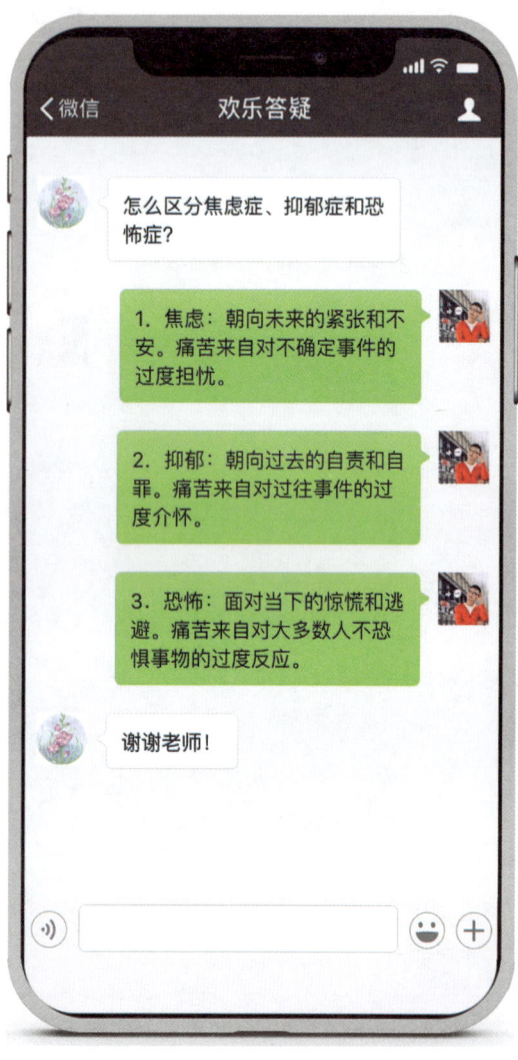

怎么区分焦虑症、抑郁症和恐怖症?

1. 焦虑:朝向未来的紧张和不安。痛苦来自对不确定事件的过度担忧。

2. 抑郁:朝向过去的自责和自罪。痛苦来自对过往事件的过度介怀。

3. 恐怖:面对当下的惊慌和逃避。痛苦来自对大多数人不恐惧事物的过度反应。

谢谢老师!

微点评　论熟记诊断标准的重要性。

012 强迫与反强迫

微点评 不要随意给自己贴标签。

013 年轻气盛与成熟稳重

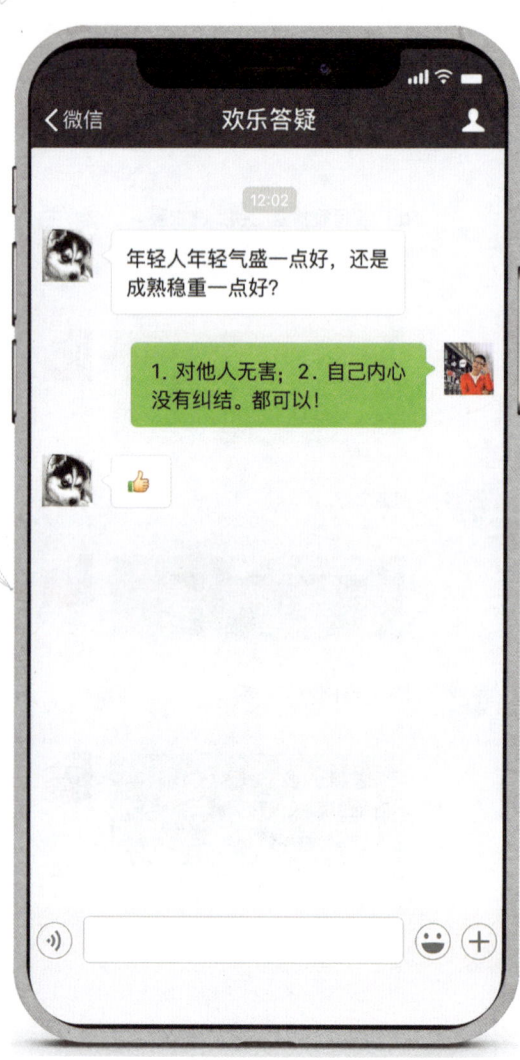

微点评 两个原则：生态平衡，自我统一。

014 "双11"的遗憾

微点评　在思考怎么花钱之前,请先思考怎么赚钱。

015 高冷

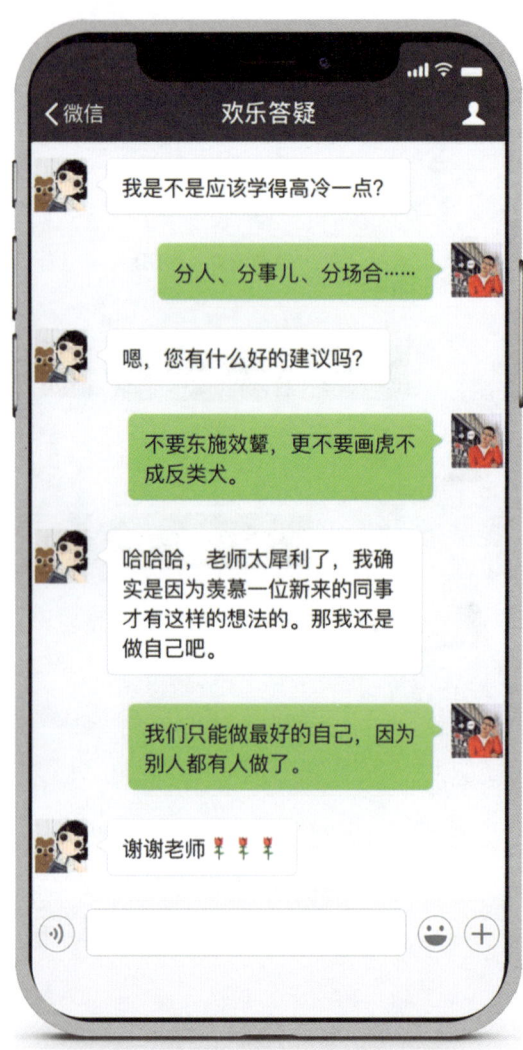

微点评　高冷，是一种天生的气质吧。

016 坚持减肥

心理

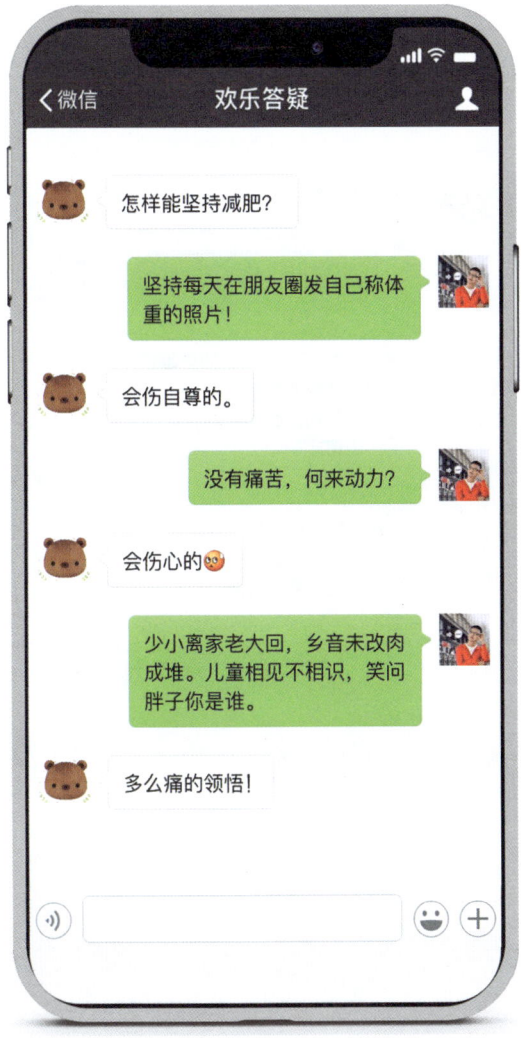

微点评 自控力是内化了的外控力,没有外界的监督和逼迫,怎么可能建立。

017 恐惧过年

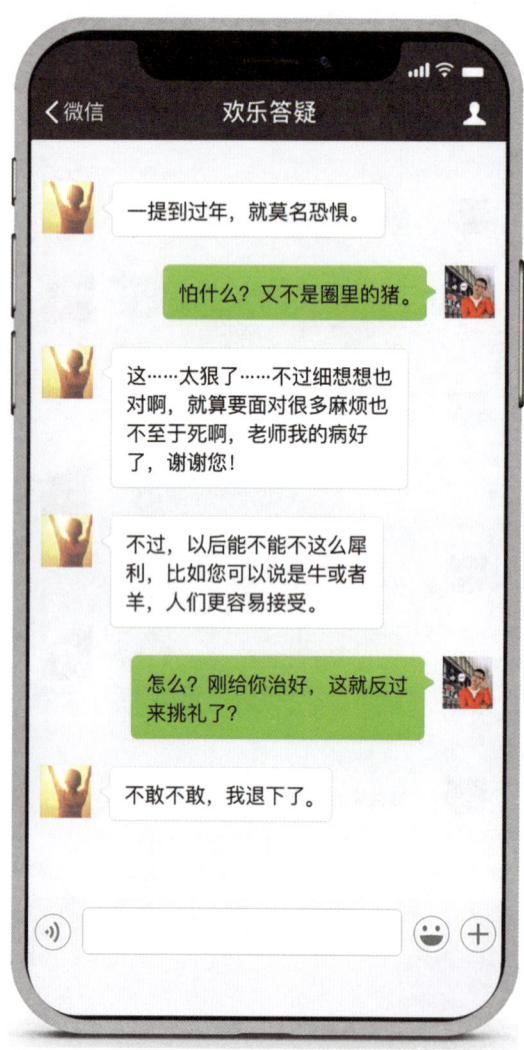

微点评 没有过不去的坎,没有过不了的年。

018 核心因素

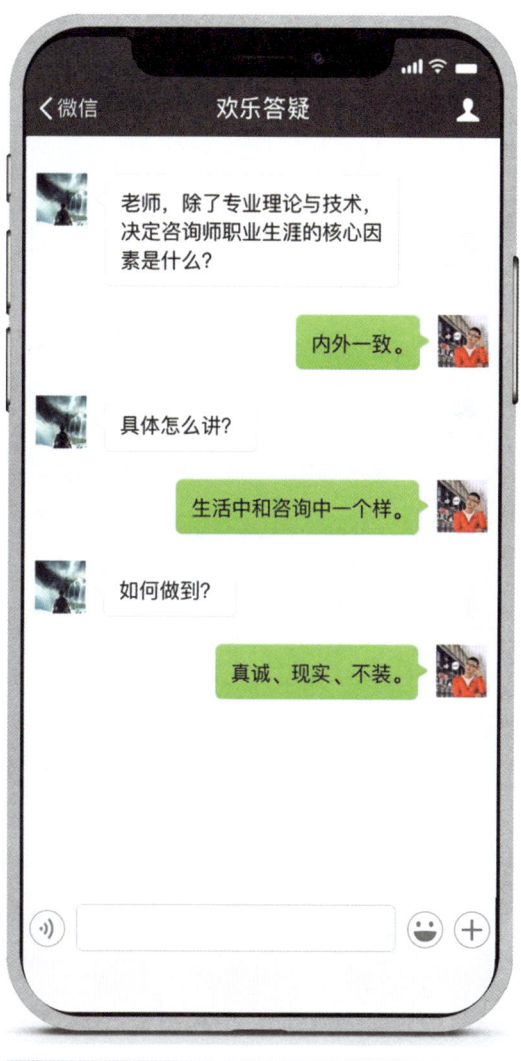

微点评　因为,真诚只和真诚做交换。

019　女汉子

微点评　其实我们更应该思考：是谁把她们变成了女汉子？

020 内在与外在

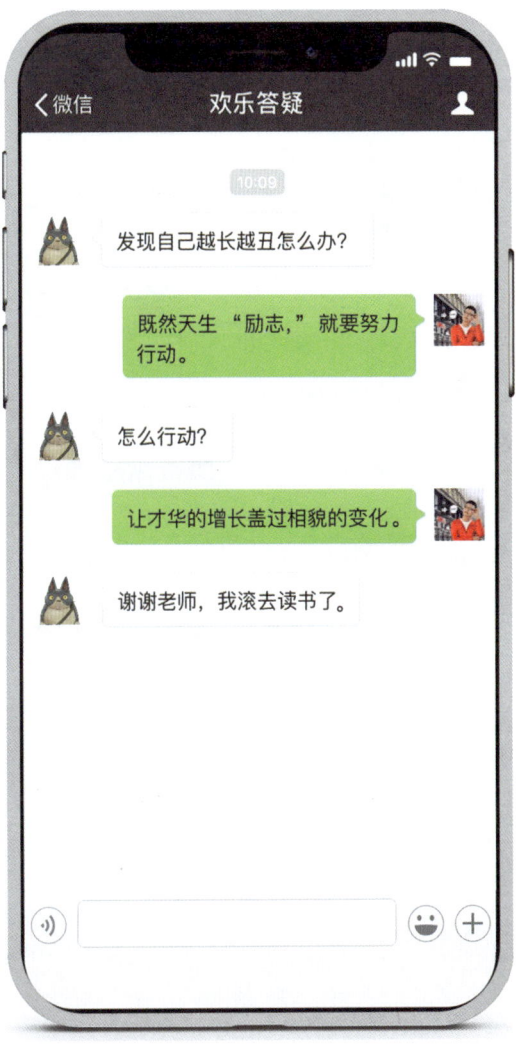

微点评　其实，比起那些自以为貌美如花的"如花"们，你已经很好了。

021 想出家

> 觉得在俗世活得没意义,想出家。

> 去吧。

> 你都不劝我?

> 你缺劝吗?

> 那周围人怎么都阻拦我?

> 考验你的向佛之心吧。

> 你为什么不考验我?

> 关我什么事?

微点评 人各有志,于人无害,何苦相劝?

022 思考与成长

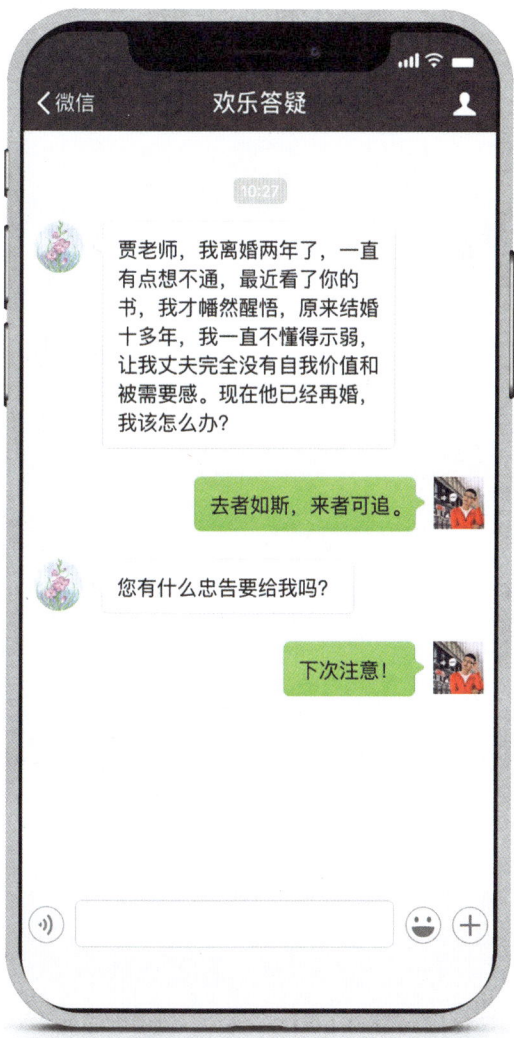

微点评　逞强者苦，完美者惨，擅卖萌者得天下。

023 物以类聚

微点评 你无法改变脸的大小,但是可以选择与谁比较。

024 选对人

微点评 酒逢知己饮，诗向会人吟。

025 吃货减肥

微点评 连体重都控制不了,还说什么掌控人生?

026 世界那么大

心理

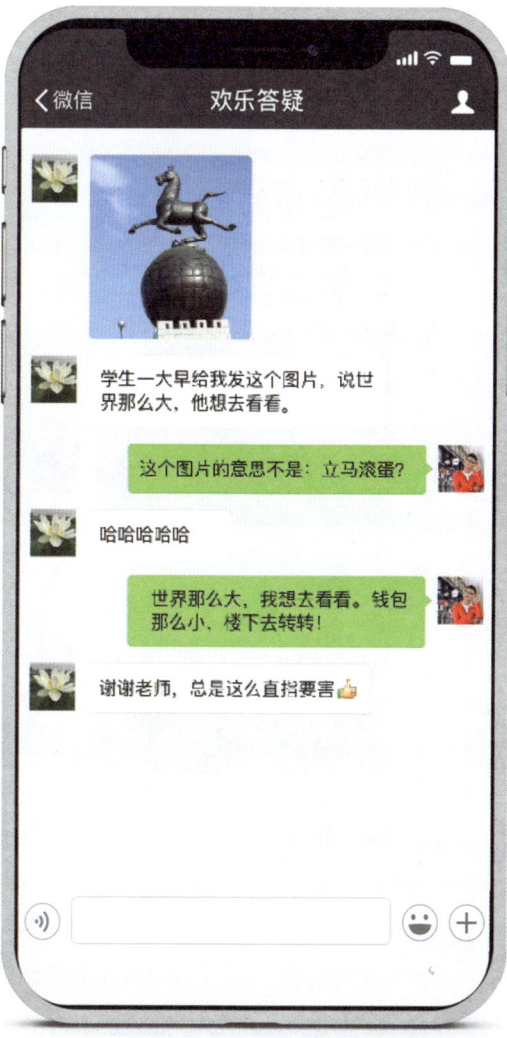

微点评　曾经梦想仗剑走天涯,后来因为穷、英语也不好,放弃了。

027 考研失败

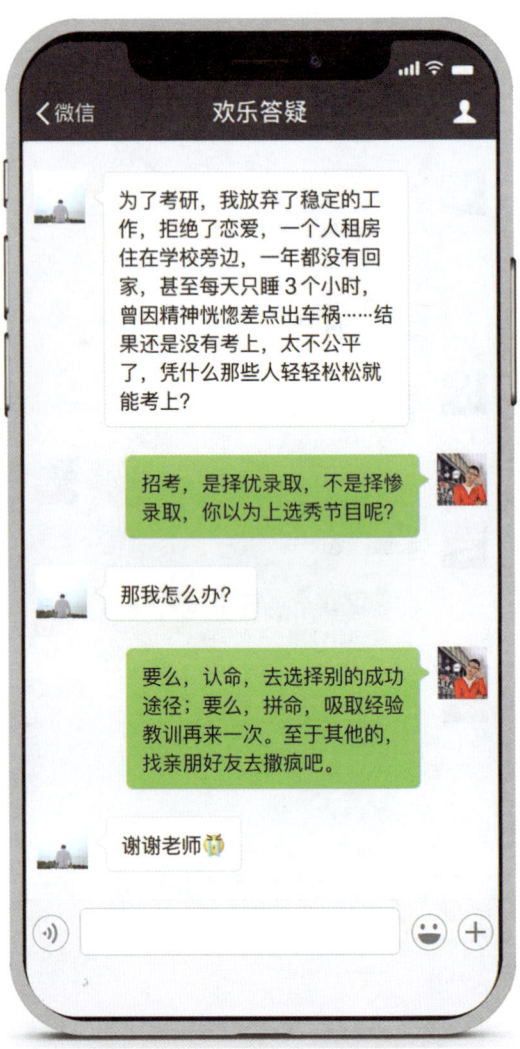

微点评　首先,我们永远不知道别人看似轻松的背后有多么努力;其次,一分耕耘,一分收获。

028 改脾气

微点评　为什么我的脑海里浮现了这么一句：不是不报，时候未到。

029 万事开头难

微点评 讲真,我是在挖空心思鼓励这位同学。

030 爆发力

微点评　其实这是人的性格特点，有的人习惯水到渠成，有的人喜欢突击完成。一般情况下，不受到重大刺激是不会改变的，所以，理解并接纳自己就好。

031 求打击

微点评 其实,我也不知道自己一句话值多少钱。

032 缘分天注定

微点评　这就叫：以子之矛，攻子之盾。

033 丑与努力

微点评　人丑就该多读书,体胖就该多跑步。

034 缺乏自律

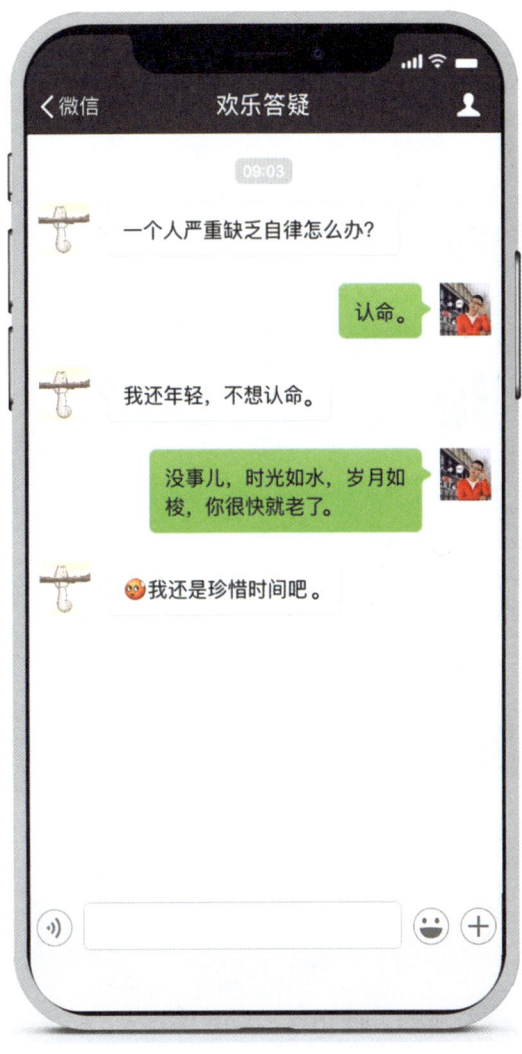

微点评 既然意识到自己还年轻,那就赶紧行动吧。

035 情绪失控

> 情绪失控怎么办?

> > 只需一个耳刮子。

> 🐶

微点评　请复习《范进中举》。

036 怕鬼

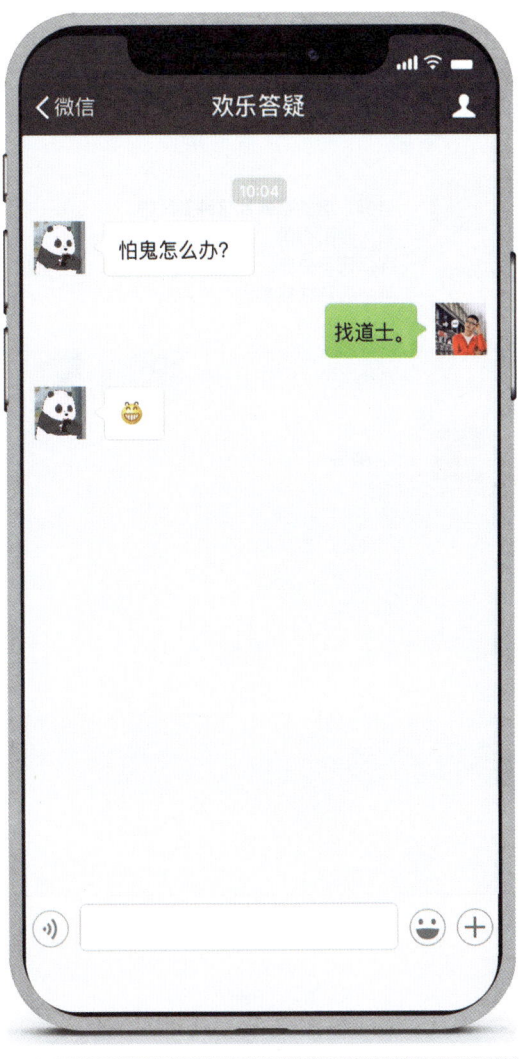

微点评 道高龙虎伏,德重鬼神钦——专业的事儿要找专业的人。

037 精英所居

微点评 闹着要去住故宫,是你去精神病院最快的方法。

038 犹豫生二胎

微点评　岁月催人老,时光不等人。

039 羡慕生二胎

微点评　与其临渊羡鱼，不如退而结网。

040 儿童节礼物

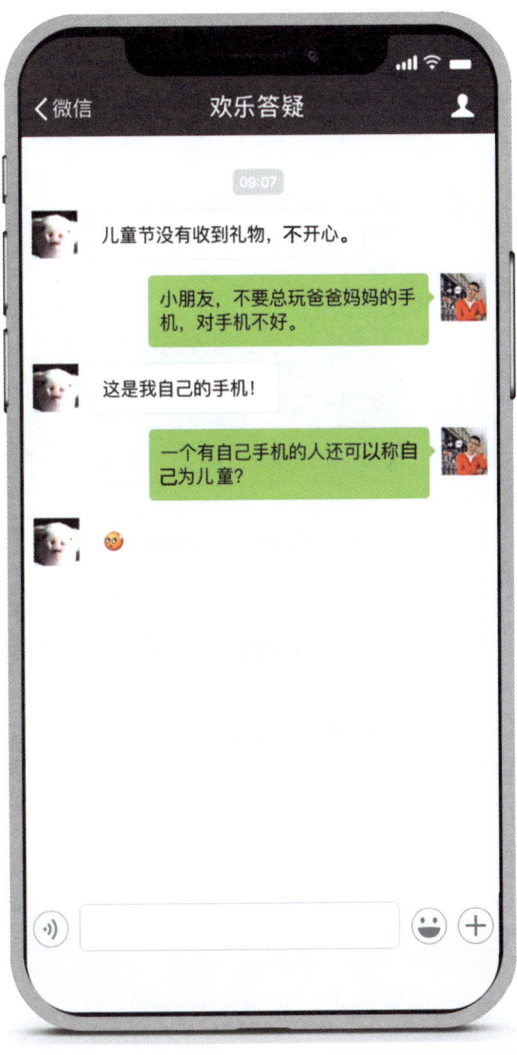

微点评 招领启事:谁家走丢了一只300斤的儿童?

041 接纳自我

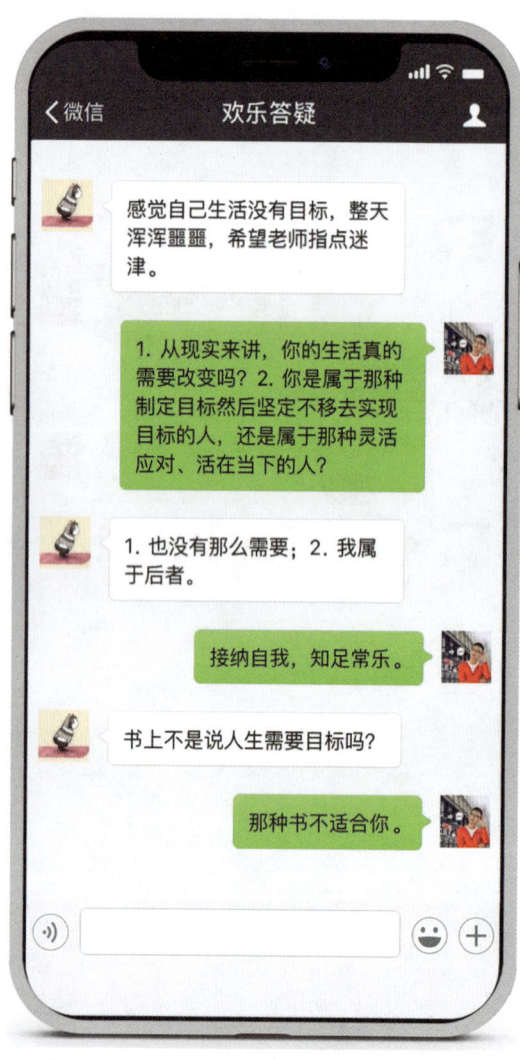

感觉自己生活没有目标,整天浑浑噩噩,希望老师指点迷津。

> 1. 从现实来讲,你的生活真的需要改变吗？2. 你是属于那种制定目标然后坚定不移去实现目标的人,还是属于那种灵活应对、活在当下的人？

1. 也没有那么需要；2. 我属于后者。

> 接纳自我,知足常乐。

书上不是说人生需要目标吗？

> 那种书不适合你。

微点评　岁月静好,no zuo no die.

042 请假照毕业照

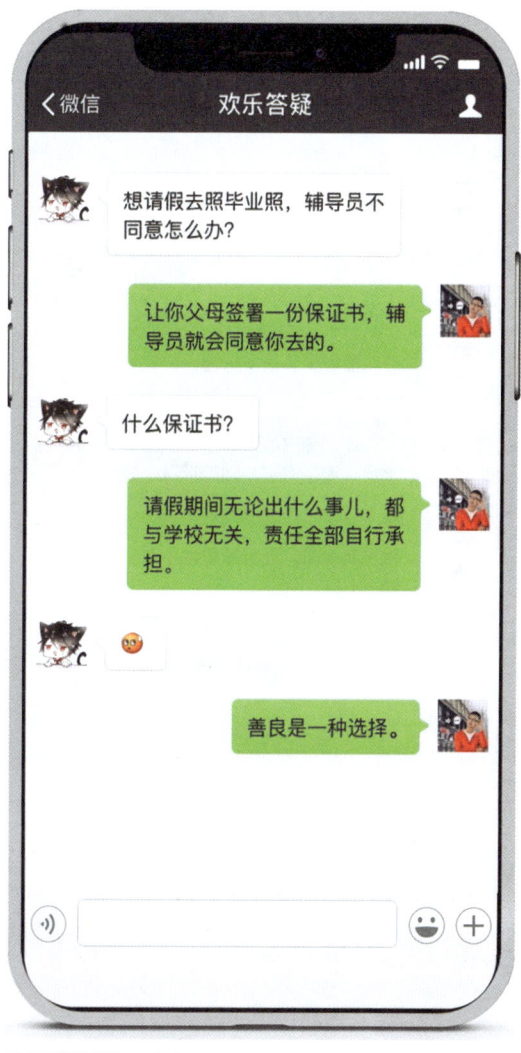

微点评　辅导员的压力已经够大了,不要再为难他们。

043 养蚕的乐趣

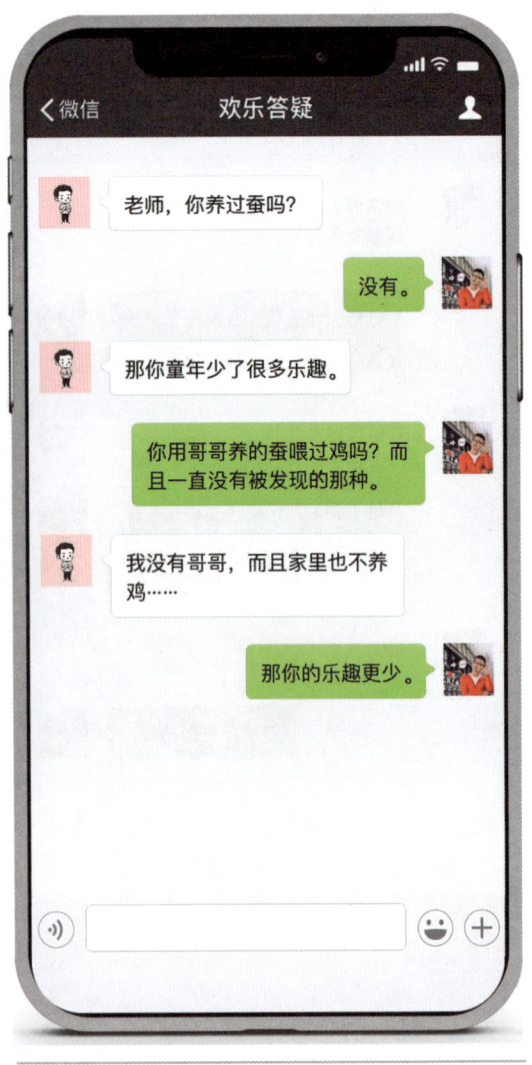

- 老师,你养过蚕吗?
- 没有。
- 那你童年少了很多乐趣。
- 你用哥哥养的蚕喂过鸡吗?而且一直没有被发现的那种。
- 我没有哥哥,而且家里也不养鸡……
- 那你的乐趣更少。

微点评　不知道我哥会不会看这本书。

044 胖了

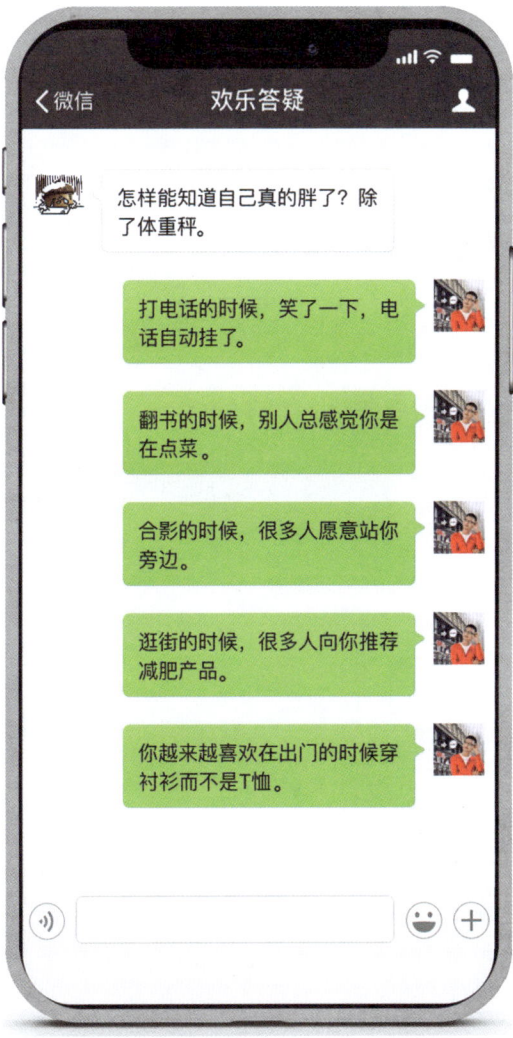

微点评　生活处处是学问。

045 觉得自己傻

微点评 当你觉得自己又丑又傻,不要担心,至少你的判断是正确的。其实,知人者智,自知者明,至少你已经做到了自知,这样可以让你保持谦卑,远离狂妄自大。

046 睡不着

微点评 排除躯体疾病的因素,睡不着一般有两种原因:身体不疲惫,精神太空虚。
所以,最好的助眠方法就是运动和充实自我。

047 害怕表妹比自己强

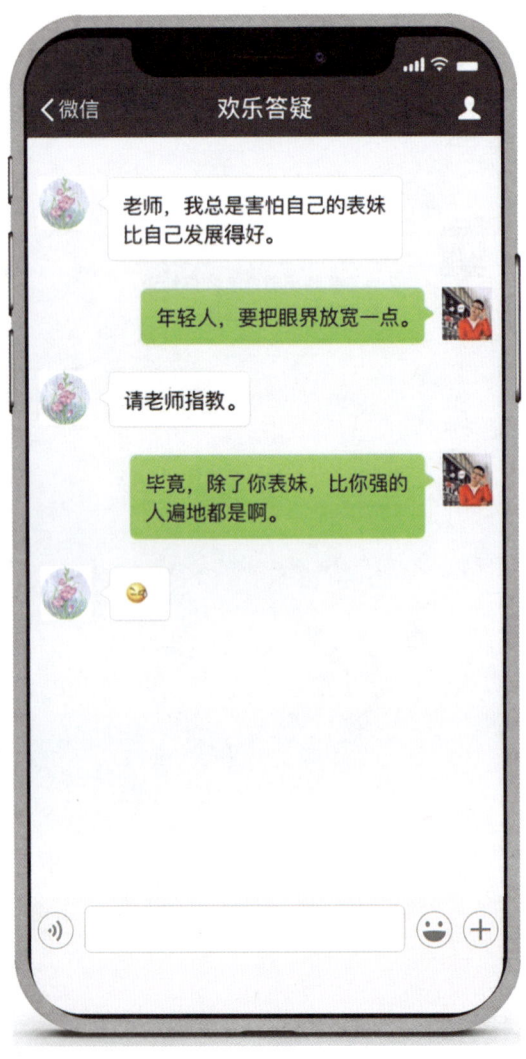

> 老师,我总是害怕自己的表妹比自己发展得好。

> 年轻人,要把眼界放宽一点。

> 请老师指教。

> 毕竟,除了你表妹,比你强的人遍地都是啊。

微点评 一个表妹,居然成了你人生输赢的裁判。这可真是:一叶蔽目,不见泰山;两豆塞耳,不闻雷霆。

048 心无旁骛

微点评 从某种意义上来讲,玩手机缓解了很多心理焦虑和社会矛盾。

049 占有欲

微点评 有时候,不去努力一下,根本不知道什么叫作绝望。

050 曾经沧海

微点评 论旅游体验的危害性。

051 天性与表现

微点评　有时候,决定你行为表现的,不是"你是谁",而是"你面前是谁"。

052 抑郁和懒癌

微点评 论鉴别诊断的重要性。

053 害怕自己不成功

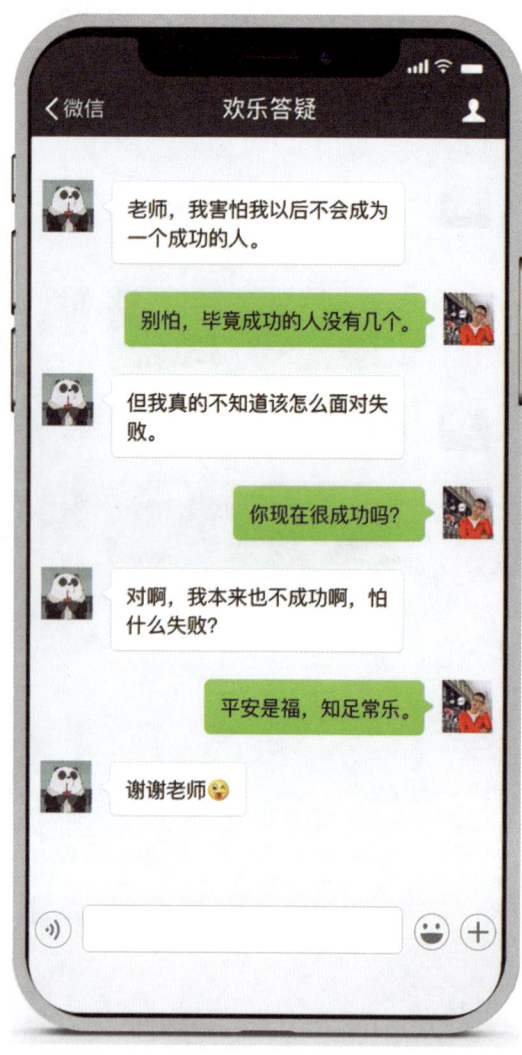

微点评　这世上本没有失败,只有尚未成功,仍需努力。

054 主动与被动

微点评 爱就是接纳与包容。

055 失败了99次

微点评 请复习《爱迪生发明电灯泡》。

056 无欲则刚

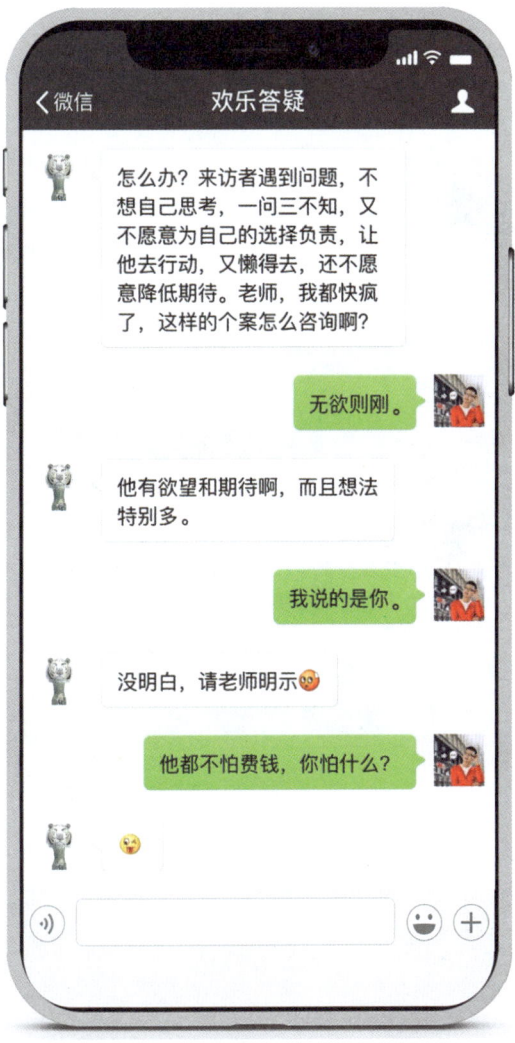

微点评 他都不着急,你急什么?

057 扼住喉咙

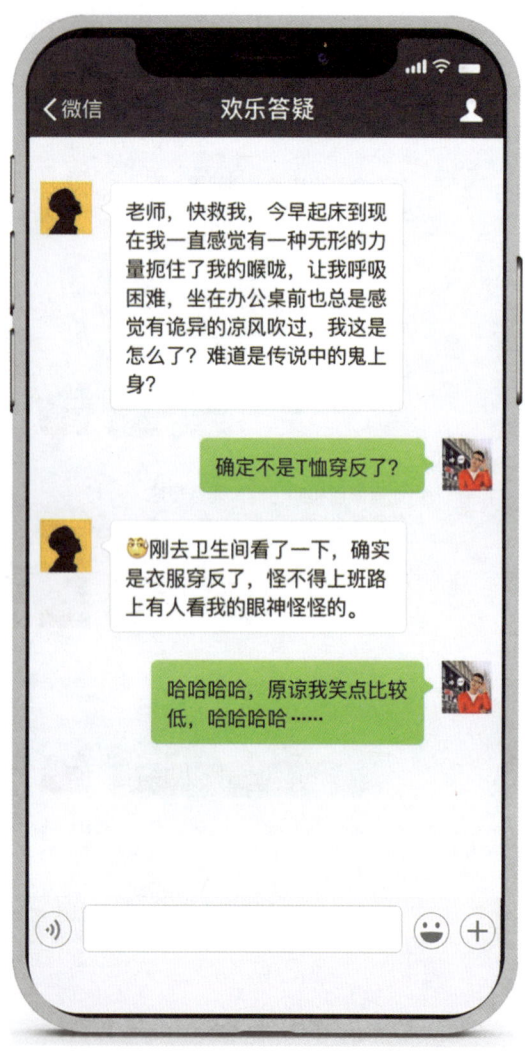

微点评 论生活经验对咨询工作的重要性。

058 丑与萌

微点评 下次见到这些人就唱"白云白,蓝天蓝,天线宝宝出来玩"。

059 人各有志

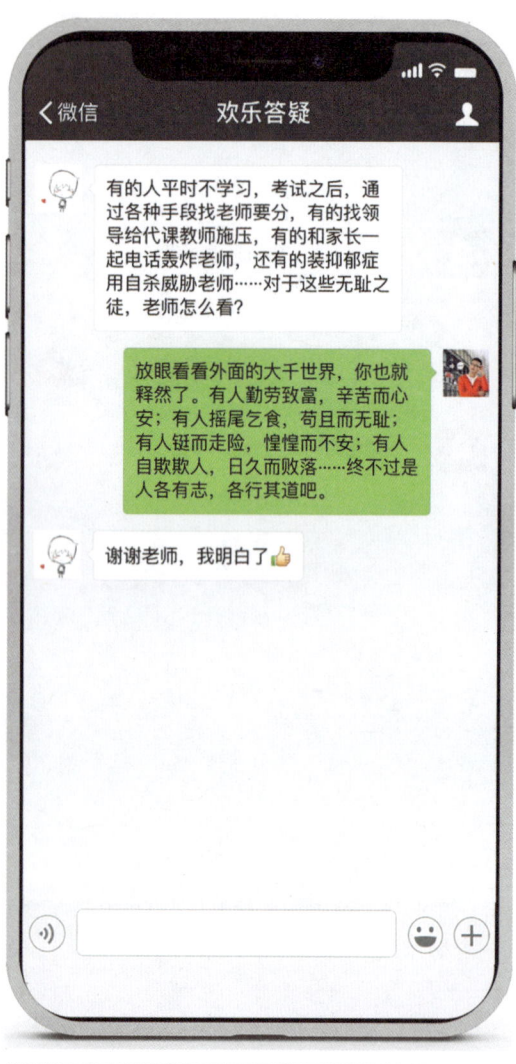

> 有的人平时不学习,考试之后,通过各种手段找老师要分,有的找领导给代课教师施压,有的和家长一起电话轰炸老师,还有的装抑郁症用自杀威胁老师……对于这些无耻之徒,老师怎么看?

> 放眼看看外面的大千世界,你也就释然了。有人勤劳致富,辛苦而心安;有人摇尾乞食,苟且而无耻;有人铤而走险,惶惶而不安;有人自欺欺人,日久而败落……终不过是人各有志,各行其道吧。

> 谢谢老师,我明白了👍

微点评 人生百态,世间万象。

060 分享和显摆

微点评 其实,还可以这样区别:分享,人人喜欢;显摆,招人讨厌。

061 看书之后

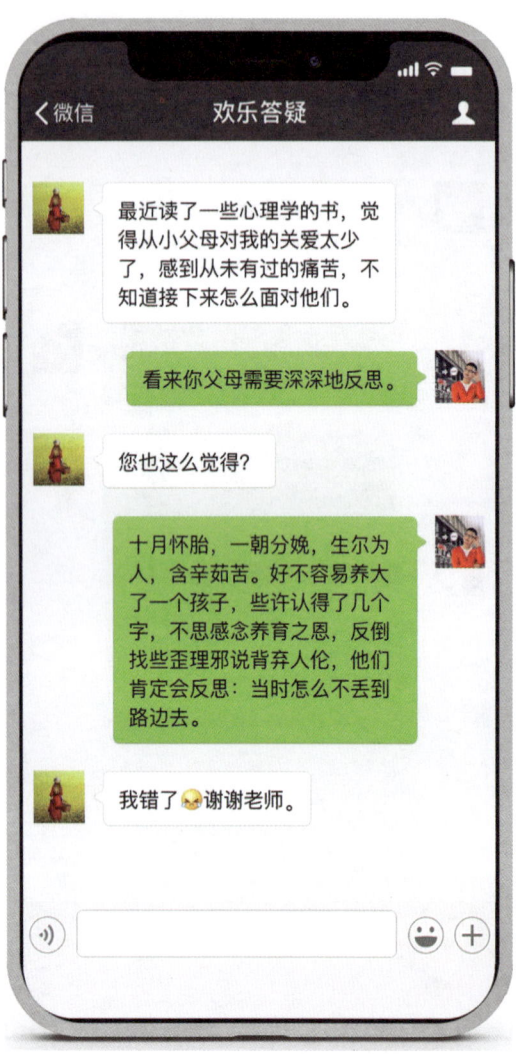

> 最近读了一些心理学的书，觉得从小父母对我的关爱太少了，感到从未有过的痛苦，不知道接下来怎么面对他们。

> 看来你父母需要深深地反思。

> 您也这么觉得？

> 十月怀胎，一朝分娩，生尔为人，含辛茹苦。好不容易养大了一个孩子，些许认得了几个字，不思感念养育之恩，反倒找些歪理邪说背弃人伦，他们肯定会反思：当时怎么不丢到路边去。

> 我错了😭谢谢老师。

微点评　开卷未必有益，请理性选择书籍。

062 女生与懂事

微点评　这就是沉迷网络的危害之一。

063 智者多忧

> 老师,为什么我总是悲观地看事情。

> 智者多忧。

> 可是这样容易焦虑,更不能激发自己的潜能。

> 你来到这个世界,就是来提出问题的。

> 可是为什么有人总是很乐观呢?对事情总是往好的想。

> 各有天性。

> 好吧,做自己。

微点评 也许你就是传说中的先天下之忧而忧。

064 自卑

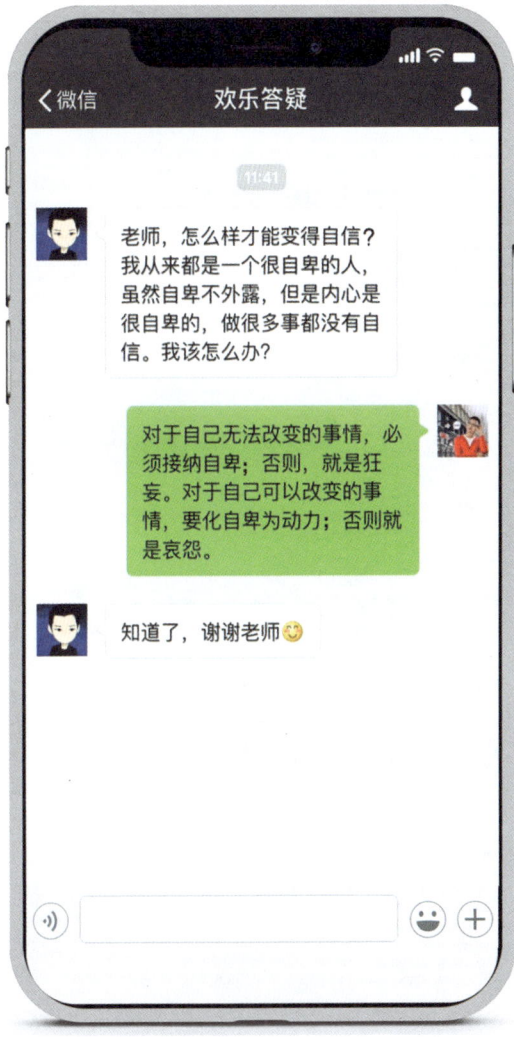

微点评　推荐阅读：阿尔弗雷德·阿德勒（Alfred Adler）的经典著作《自卑与超越》。

065 脸皮变厚

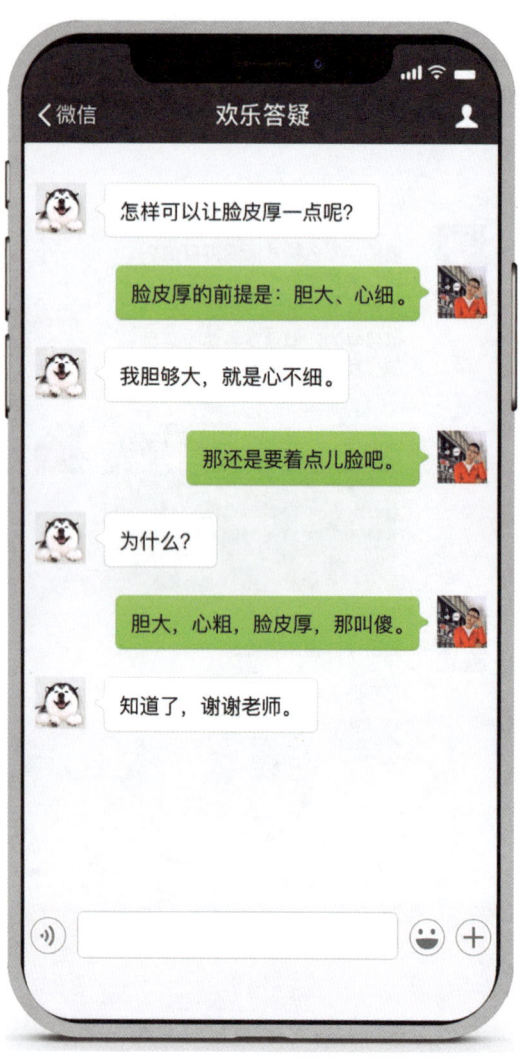

微点评 脸皮厚分两种：勇敢、无耻。

066 信念的作用

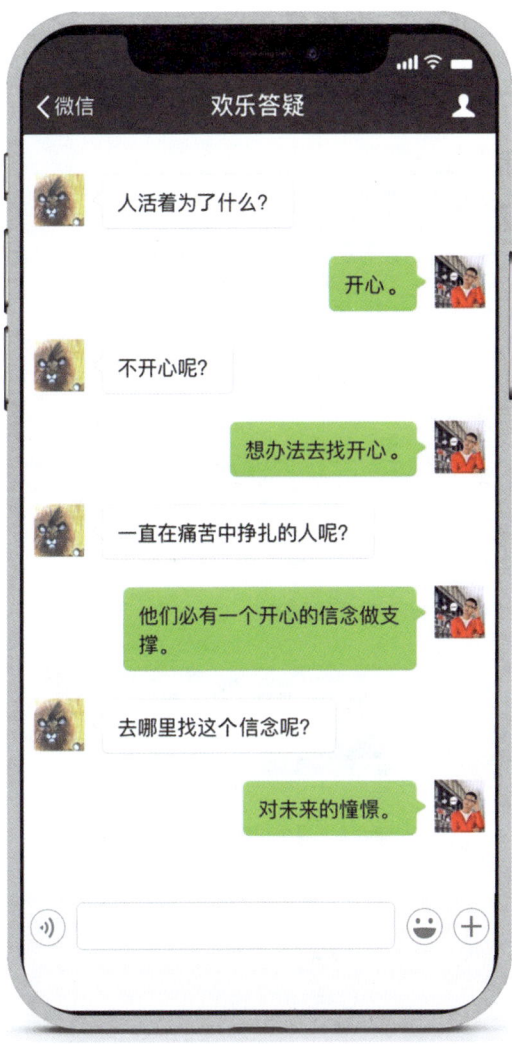

微点评　推荐阅读：维克多·弗兰克尔（Viktor Frankl）的经典著作《活出生命的意义》。

067 天性好妒

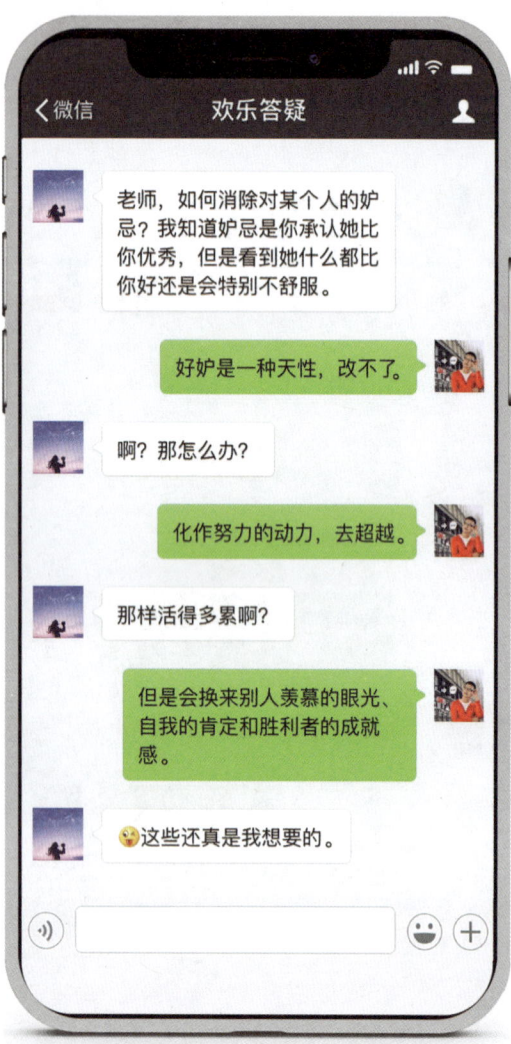

老师，如何消除对某个人的妒忌？我知道妒忌是你承认她比你优秀，但是看到她什么都比你好还是会特别不舒服。

> 好妒是一种天性，改不了。

啊？那怎么办？

> 化作努力的动力，去超越。

那样活得多累啊？

> 但是会换来别人羡慕的眼光、自我的肯定和胜利者的成就感。

😜这些还真是我想要的。

微点评　也许，可以试一试《红楼梦》里王道士开的"疗妒汤"。

068 前世催眠

微点评 不同的流派,不同的解释,各花入各眼,合适的才是最好的。

069 剪短发

微点评　当我们暂时没有改变游戏规则的资格时，我们只能选择参与或者离开。

070 没有优点

微点评 这就叫积极关注，促进行动。

071 减肥的动力

微点评 提醒某些被表白的男生——也许你的拒绝是在帮助对方成长。

072 说说而已

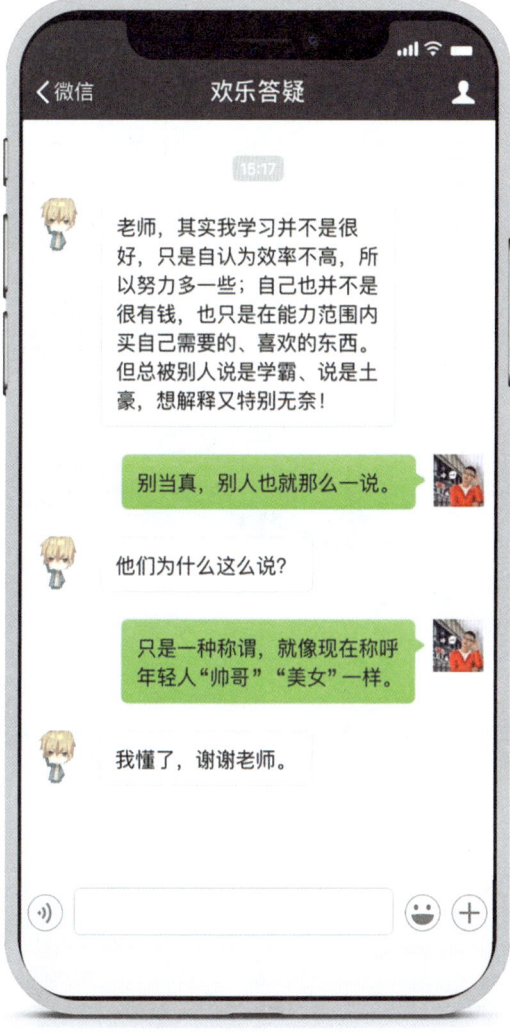

微点评 所谓的与现实脱节,就是别人只是闲话,你却当真了。

073 眼镜找不到

微点评 不知道这属于什么心理效应。不过,按照强迫症的说法就是:谁让你不把东西放在固定的地方呢?

074 克服拖延

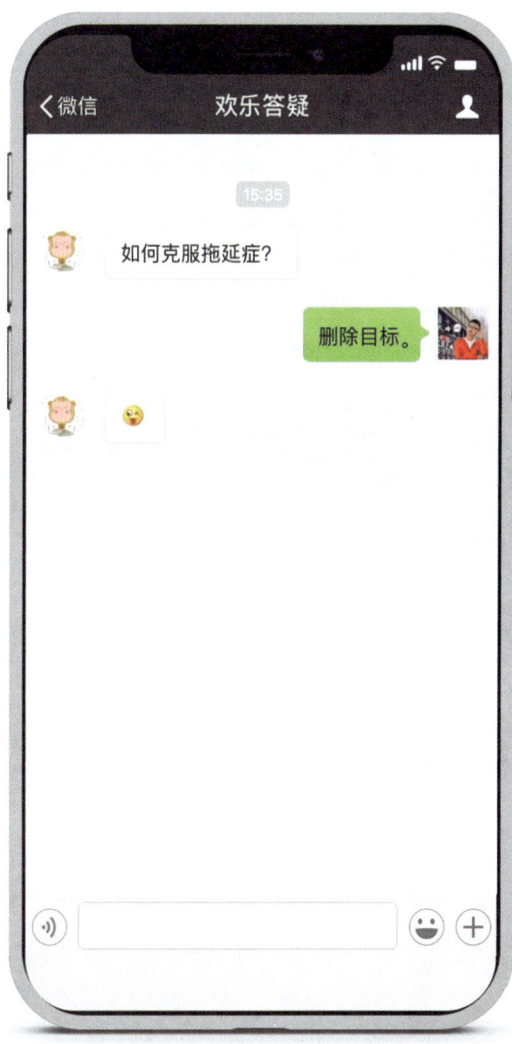

微点评 有句话——你的痛苦不是感觉自己像猪一样懒,而是你无法像猪一样懒得心安理得。
推荐:简·博克(Jane B. Burka),莱诺拉·袁(Lenora M. Yuen)著《拖延心理学》。
当然,能把书看完的,应该不太会有拖延症吧。

075 放假回家

微点评　我还能说什么呢?

076 家教的信心

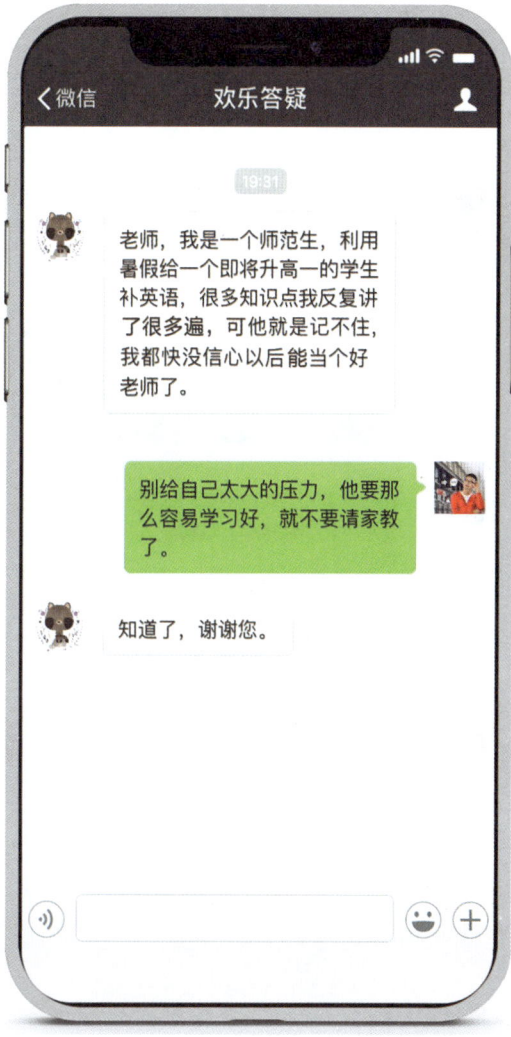

微点评 问心无愧——尽心尽力之后,剩下的就是顺其自然。

077 自我剖析

> 老师，我分析了一下：1.我不喜欢做家务也不喜欢小孩子，懒；2.我脾气不温和，对人全凭自己喜好，不愿迁就别人。所以我是一个不去改变的剩女。

> 难得见到对自己认知如此客观、真实、全面的人。

> 我做事做人只求差不多，从不要求自己出类拔萃，这就是我。

> 活得真实，活得洒脱。

> 那我怎么办？

> 请继续活在我们的欣羡中！

微点评　试问，谁不想无所顾忌地做自己？

078 特别能忍受

微点评 有时候,忍一时,风平浪静;退一步,海阔天空。有时候,忍一时,得寸进尺;退一步,蹬鼻子上脸。所以,要学会区分。

079 与人相比

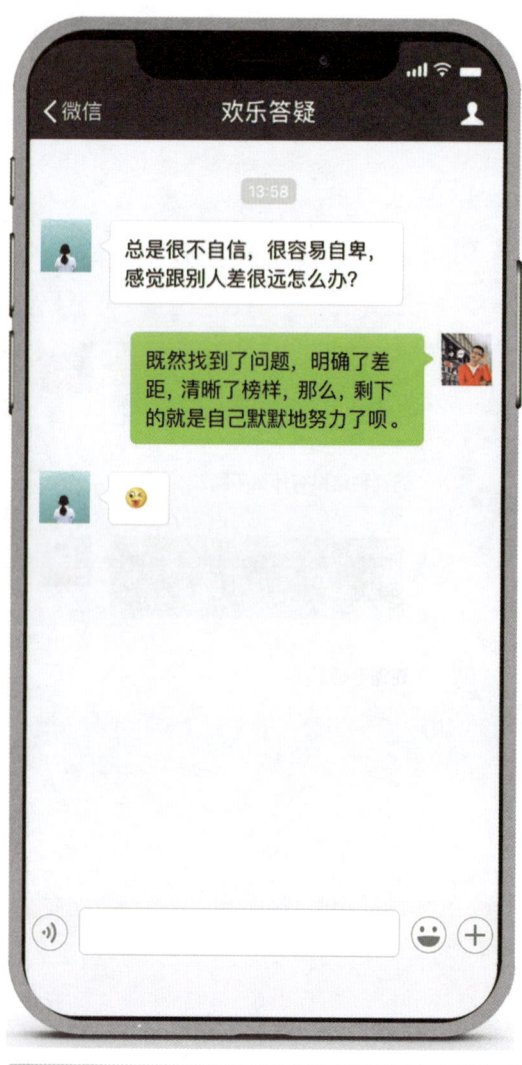

微点评 目标很清晰,需求很明白,那就去行动吧!

080 改变的风险

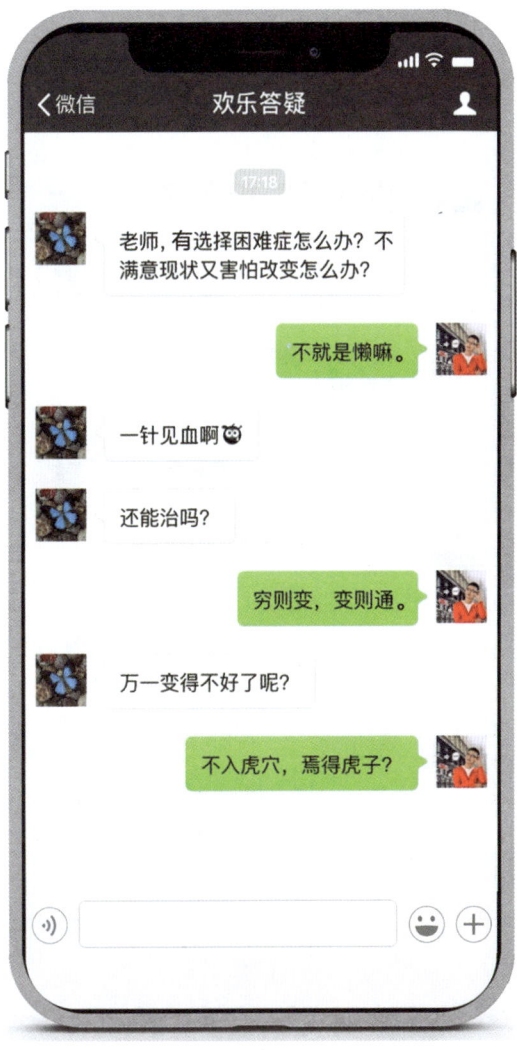

微点评 不做，永远没有可能；做，虽然有风险，但是也会有新的可能。

081 自我反思

微点评 天薄我以福,吾厚吾德以迓之;
天劳我以形,吾逸吾心以补之;
天厄我以遇,吾亨吾道以通之。
对于我们不可控的事情,还是这样来自我平衡比较好。
推荐读物:《菜根谭》。

082 信命

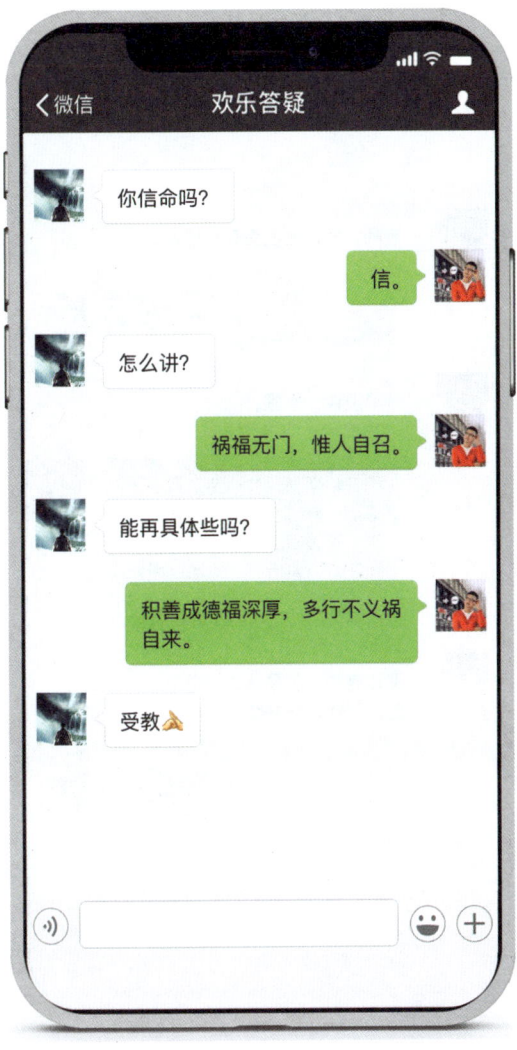

微点评　多一种视角，多一种解释。
　　　　推荐读物：道家经典《太上感应篇》。

083 为何单身

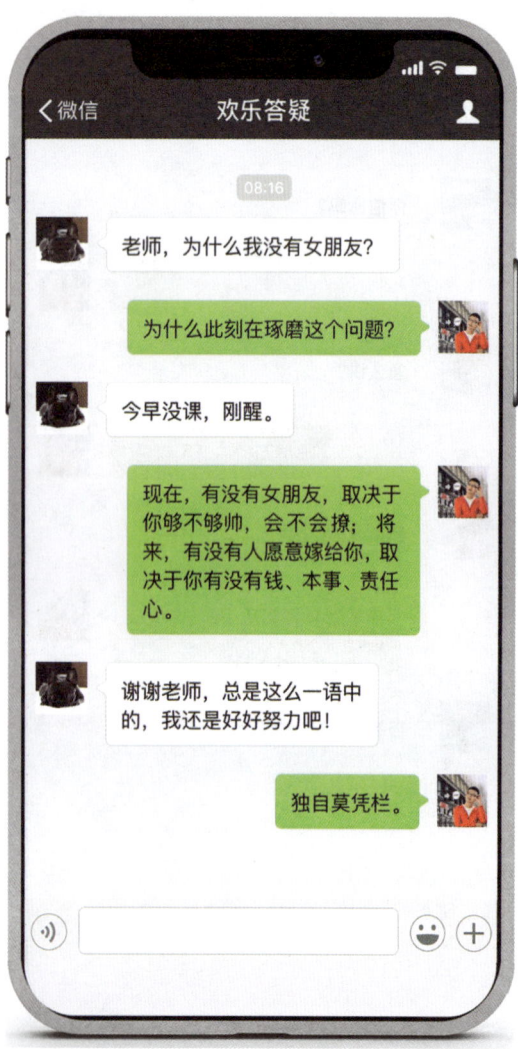

微点评 可以说是很励志了。

084 活在当下

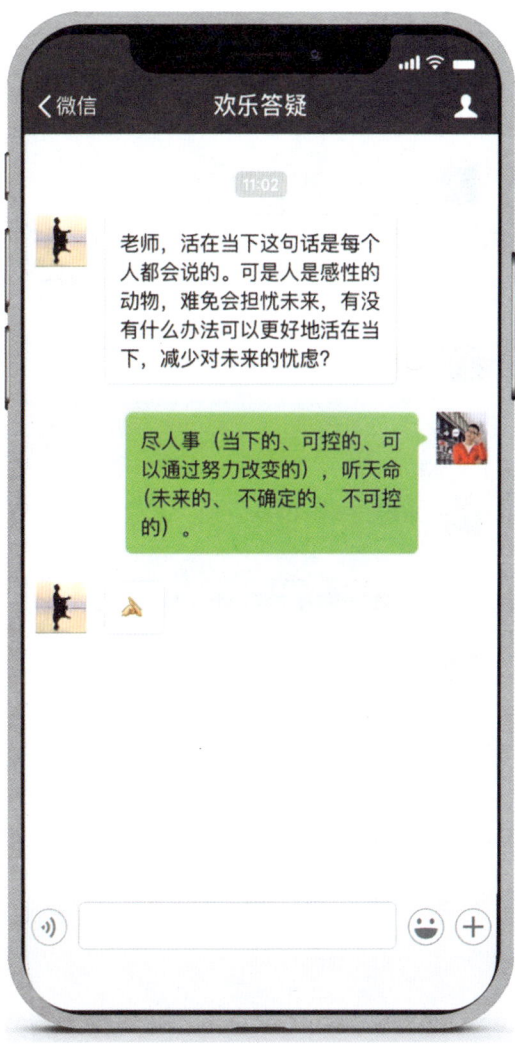

微点评　默念雷茵霍尔德·尼布尔（Reinhold Niebuhr）的祷文——愿上帝赐予我平静，让我接纳我无法改变的事情；愿上帝赐予我勇气，让我去改变我能改变的事情；愿上帝赐予我智慧，让我可以辨别这两种事情。

085 真诚拒绝

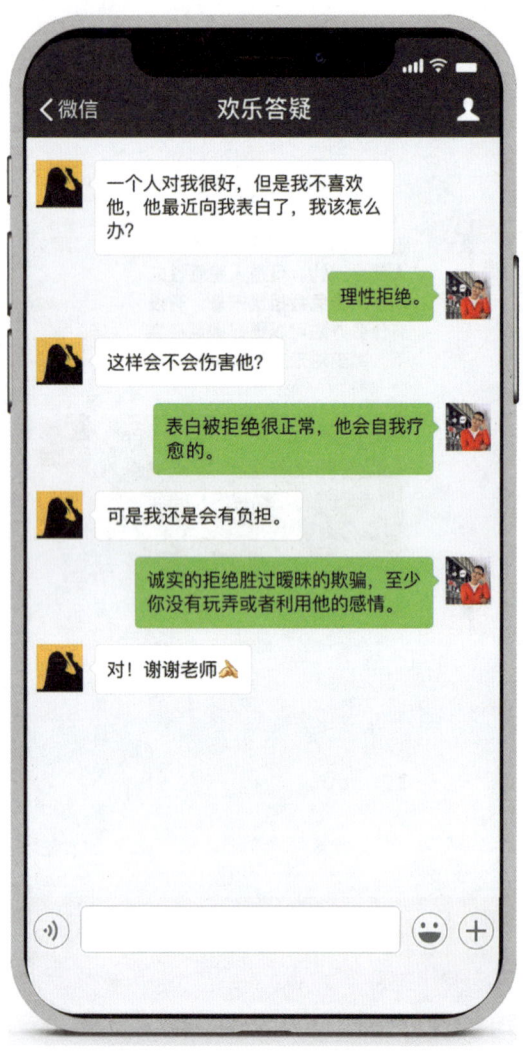

微点评　不欺骗，不利用，就是最起码的尊重。

086 往事如烟

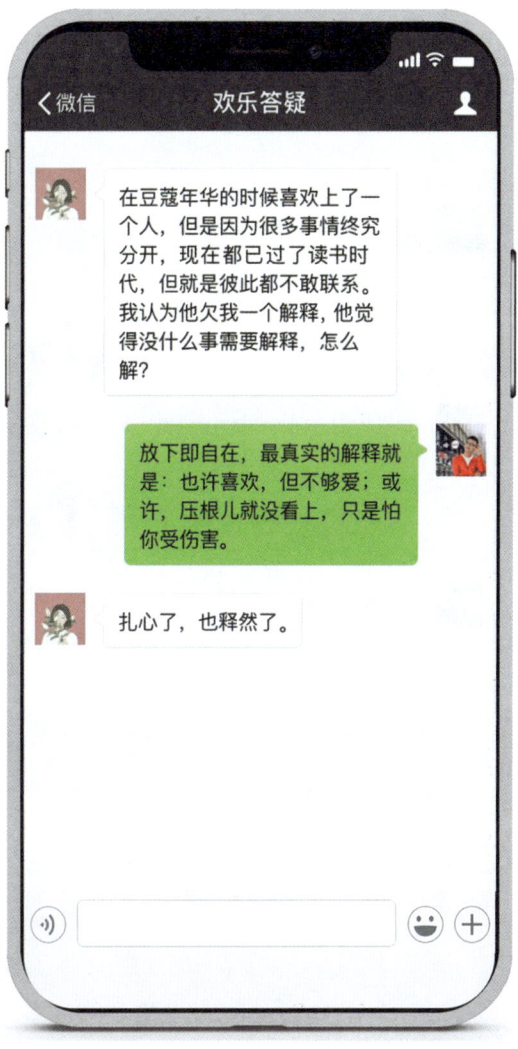

微点评 这就是格式塔（Gestalt）理论所说的，未完成事件。

087 鹤立鸡群

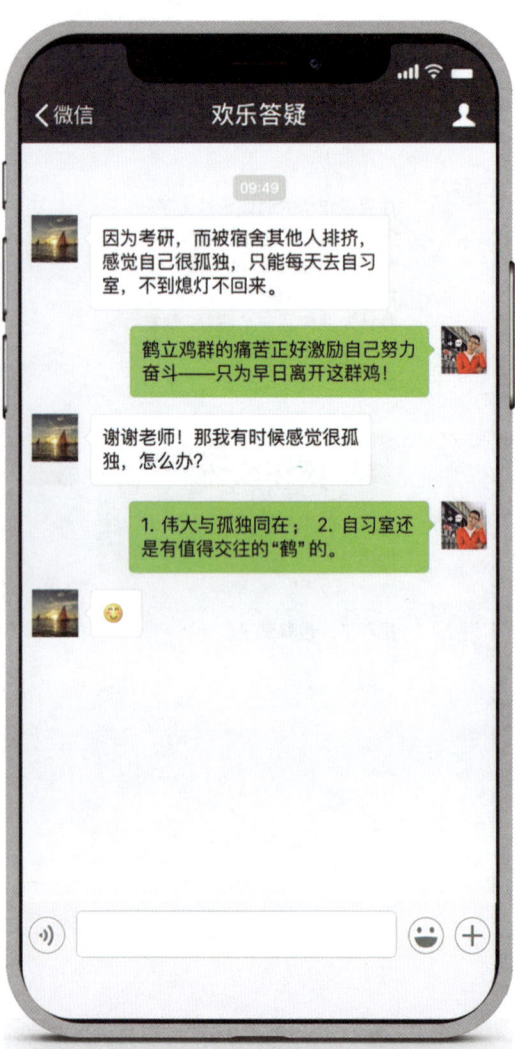

微点评 来,和我一起背:天将降大任于斯人也,必先苦其心志,劳其筋骨,饿其体肤,空乏其身,行拂乱其所为,所以动心忍性,曾益其所不能。

088 面对质疑

——老师,总是有人问我为什么不结婚,我该怎么怼回去?

——"你们结了婚的都很幸福吗?"

——好!谢谢🙏

微点评 所以,提醒大家,聊天的时候注意选择话题。

089 盲目担心

微点评 这就是借力打力。

090 做错之后

微点评 人非圣贤孰能无过。但是,做错事情之后,一定要有一个真诚的态度。

091 丢人

微点评　虽然你一事无成,但是至少你有个好人缘啊!请珍惜这份工作。

092 个人定位

微点评　明确目标，就能心无旁骛。

093 接纳自我

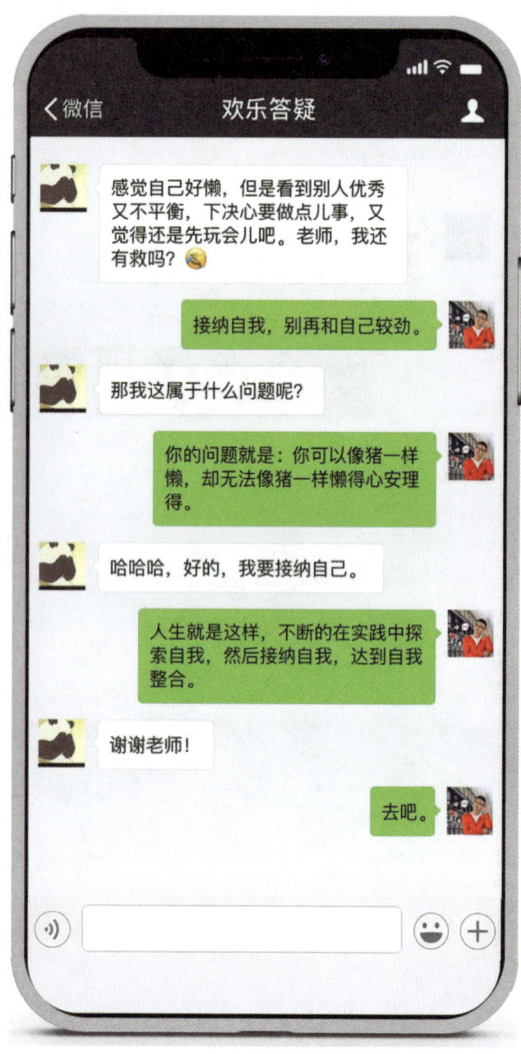

> 感觉自己好懒,但是看到别人优秀又不平衡,下决心要做点儿事,又觉得还是先玩会儿吧。老师,我还有救吗?😅

> 接纳自我,别再和自己较劲。

> 那我这属于什么问题呢?

> 你的问题就是:你可以像猪一样懒,却无法像猪一样懒得心安理得。

> 哈哈哈,好的,我要接纳自己。

> 人生就是这样,不断的在实践中探索自我,然后接纳自我,达到自我整合。

> 谢谢老师!

> 去吧。

微点评 既然改变不了,那就接纳吧,至少你的心理不再冲突。

094 励志

心理

舍友穿得很时尚,很有个性,可是我没有钱,只能羡慕,怎么办?

默默去图书馆努力。

微点评 既然感受到了贫穷带来的辛酸,那就把它化作奋斗的动力吧。

095 伦理规范

微点评　任何职业的伦理规范首先是为了更好地保护从业者。

096 没有女朋友

微点评　还是先看看自己有什么吧。

097 一票未得

> 我在选举会上,一票未得,好尴尬。

> 比起那些只有一票的,好多了。

> 😂😂😂

微点评 最尴尬的选举:只有一票。

098 朋友圈

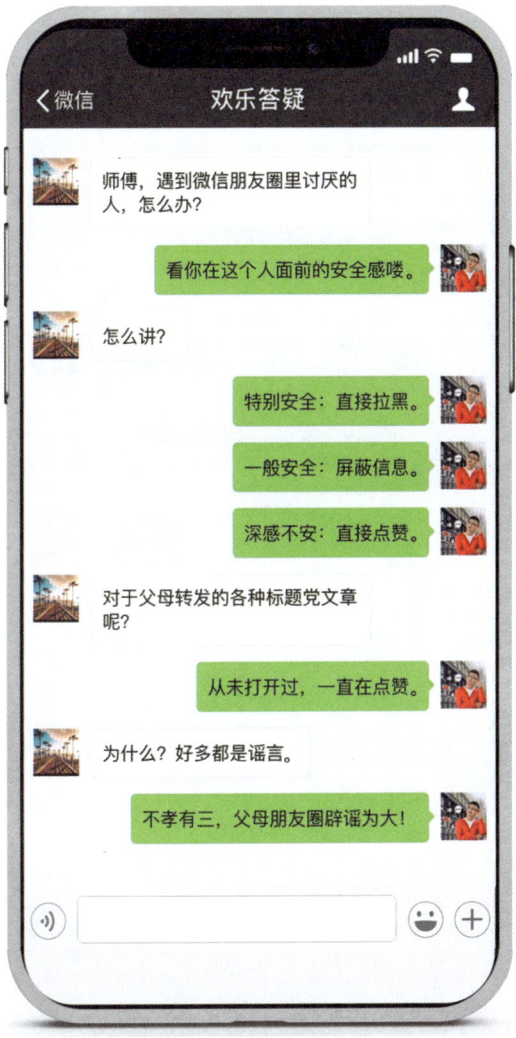

微点评 做到这几点,情商必提高。

099 过于在乎

微点评　这就是"唯一"和"之一"的区别。

100 梦想有气质

微点评　洗洗睡吧,梦里啥都有。

101 第一步

微点评 骐骥一跃,不能十步;驽马十驾,功在不舍。

102 面具

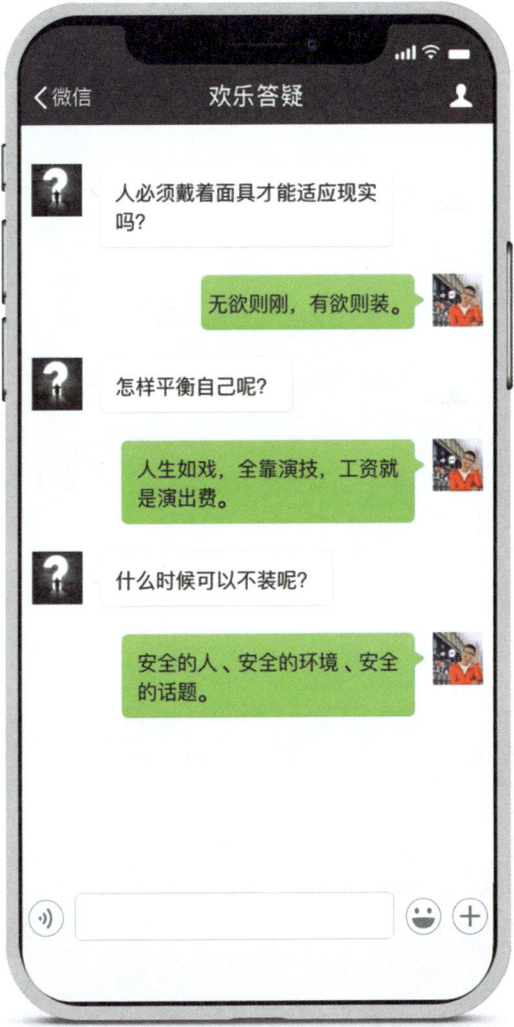

微点评 上台——尽情演；
下台——做自己。

103 上班玩手机

微点评 上班时间看欢乐答疑,你这是要连累我啊?

104 有目标无行动

微点评　虽然努力不一定成功,但是,放下会很轻松。

105 容易被骗

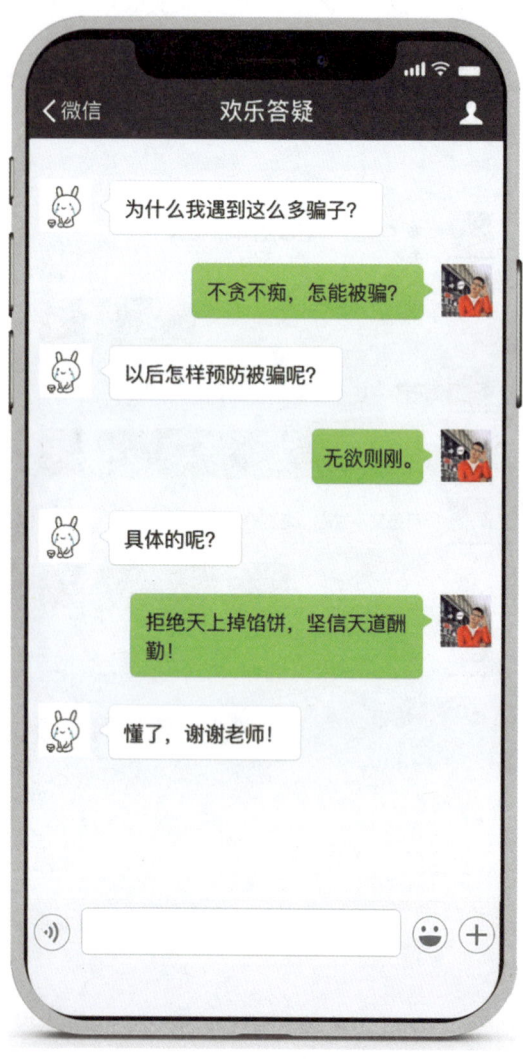

- 为什么我遇到这么多骗子?
- 不贪不痴,怎能被骗?
- 以后怎样预防被骗呢?
- 无欲则刚。
- 具体的呢?
- 拒绝天上掉馅饼,坚信天道酬勤!
- 懂了,谢谢老师!

微点评 外因只有通过内因才能起作用。莫怪骗子太狡猾,只因你心中有贪念。

106 前排男生

微点评　人闲生是非。

107 幸福

微点评 关于幸福,你是如何理解的?

108 知足常乐

微点评　当我们觉得自己不是最惨的时候，我们就放心了。

109 原谅

老师,一个曾经害得我几乎家破人亡的人,突然发消息问我,在什么情况下可以原谅她,我该如何回复?

"你的葬礼上!"

哈哈哈,好解气,谢谢老师。

微点评 无原则的原谅,往往换来的不是感恩,而是变本加厉的践踏。

110 吃苦的选择

微点评 先苦后甜,还是先甜后苦,自己看着办吧。

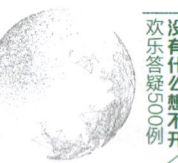

没有什么想不开
欢乐答疑500例

同龄人纷纷结婚生子对我有什么影响吗?
关键看你妈

亲子

001 学区房

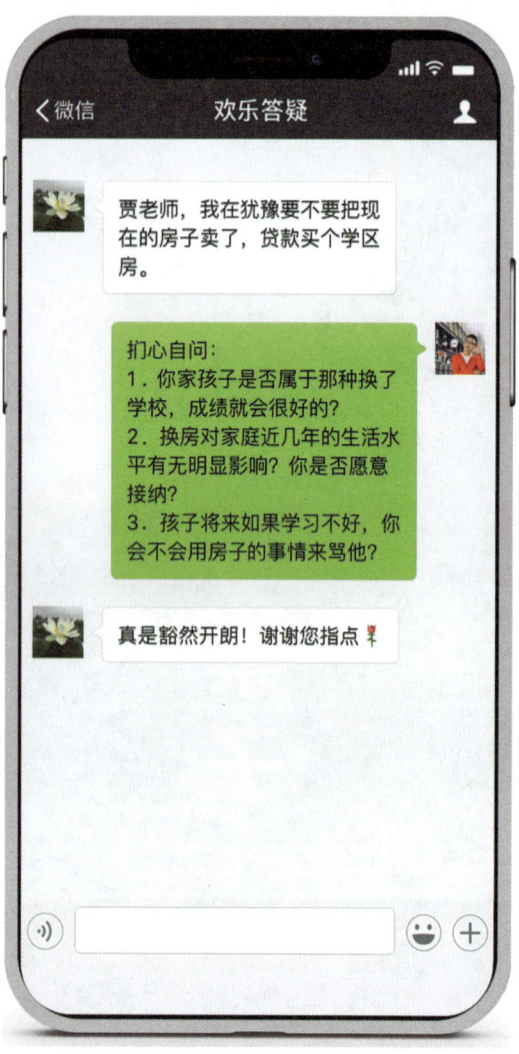

微点评　有句话：不学游泳，光换池子有什么用？

002 摔了孩子

亲子

> 我不小心把孩子摔了,被孩子的爷爷奶奶说了,不开心。

> 做事儿不当心,还说不得你了?假如是孩子的姥姥姥爷说你呢?

> 😳我就知道肯定是我不对。

> 孩子现在睡着了?

> 没有,还在哭。

> 那你个不长眼的还玩手机?等你婆婆取簪子扎你呢?

> 好吧,我去哄😂

微点评 说你,也是因为心疼你的孩子啊!多一点理解,多一点和谐。

003 啃老族

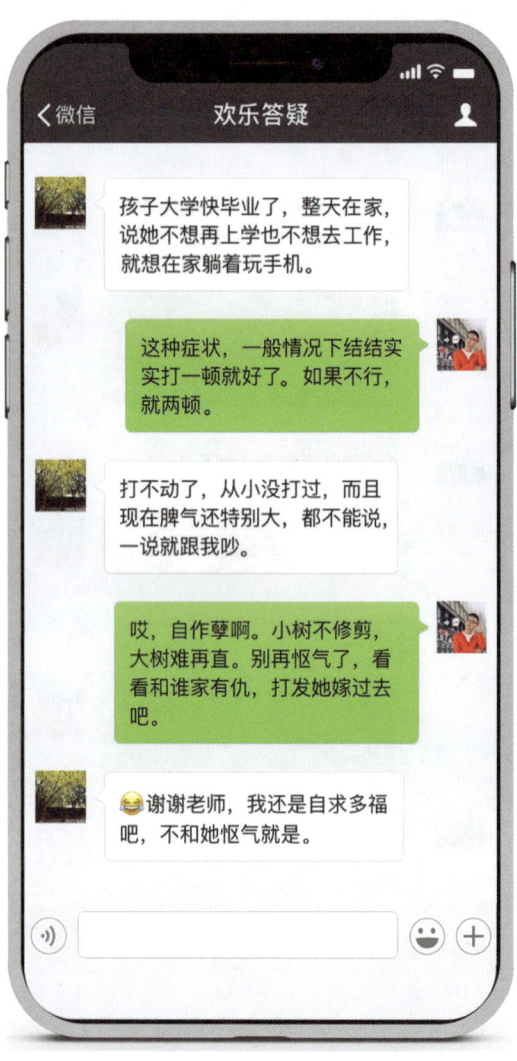

微点评 十年树木，百年树人，教育要从小抓起。

004 爸爸不关心妈妈

亲子

微点评 尽儿女的本分,不要越位。

005 换位思考

微点评 难道真是儿行千里母担忧,母行千里儿不愁吗?

亲子

006 男友大25岁

> 为什么我爸妈不同意我嫁给一个比我大25岁的男人？不是要尊重恋爱自由吗？

> 怕你妈尴尬啊。

> 😂服了你了。

微点评 脑补一个画面，一起去逛街
——张阿姨，你换老头了？
——不要胡说！这是你姐夫。

007 慢就业

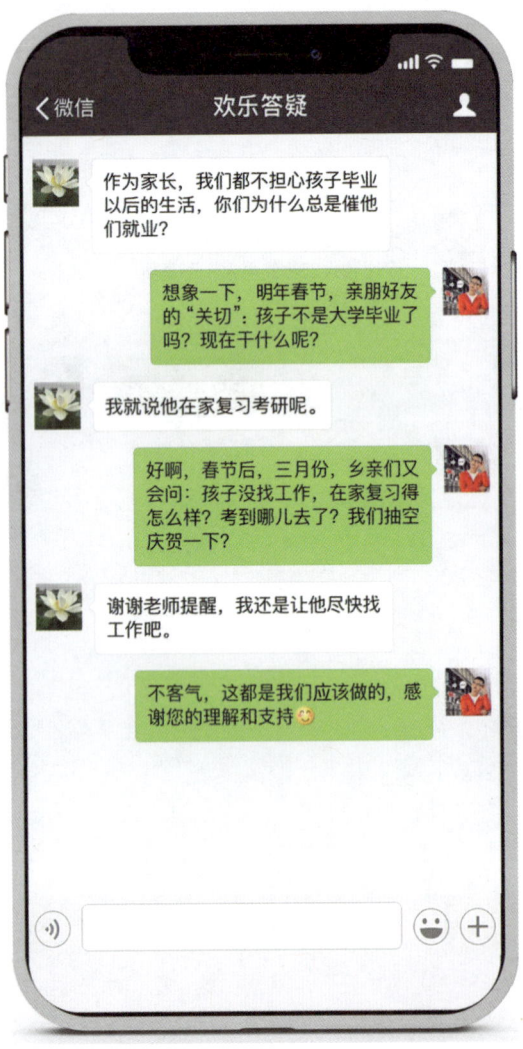

微点评 各位亲爱的大学辅导员们,我只能帮你们到这里了。

008 母亲节

微点评 爱她,就以她期待的方式来表达你的爱。

009 五一"惊喜"

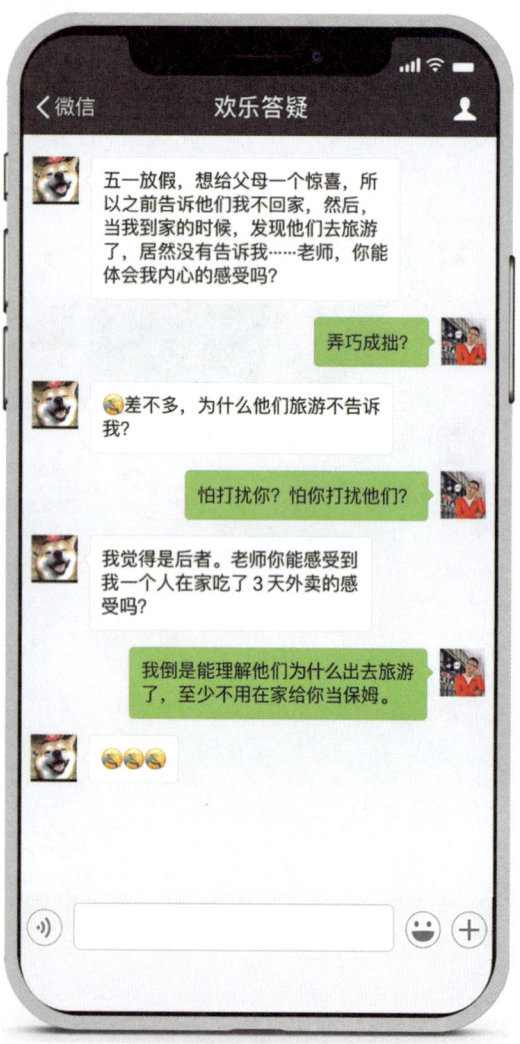

微点评 对于一个四体不勤五谷不分的孩子,父母有多想你?

010 婆媳关系

亲子

微点评 注意区分,到底是谁更需要谁?

011 我叫小满

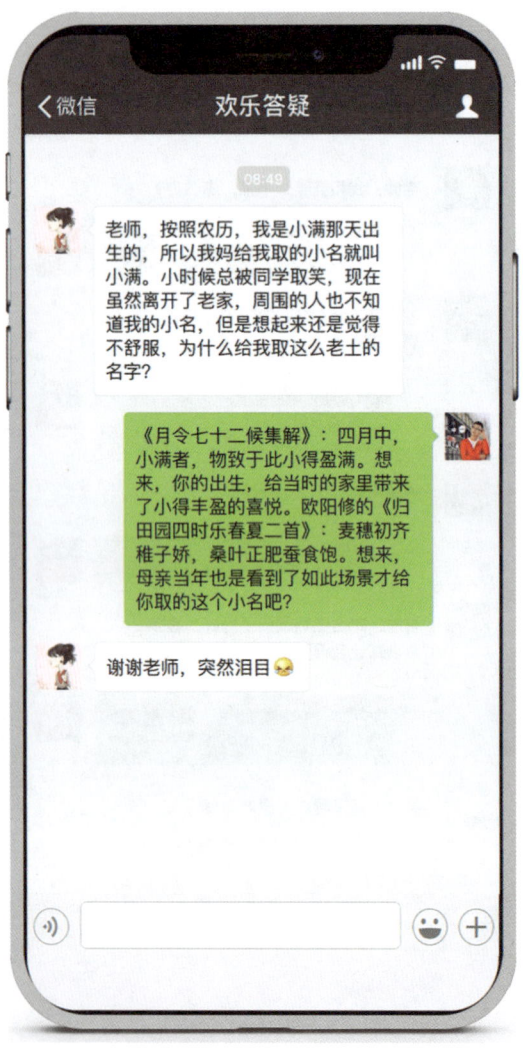

微点评 其实,我想说,你知足吧,我有个同学小名叫惊蛰。

012 有房有车

微点评 据说中国的房价一路飙升,丈母娘是重要因素之一。

013 中国式婚姻

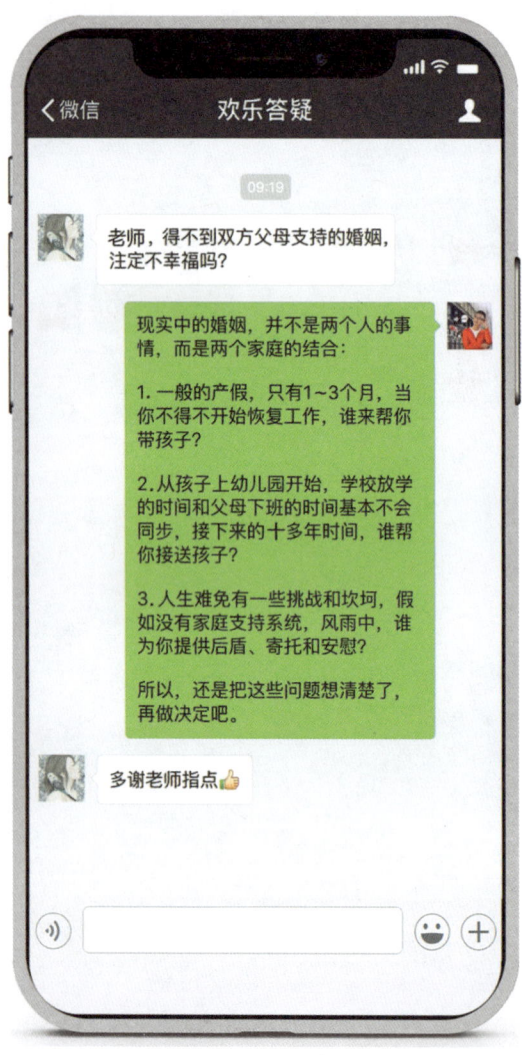

老师,得不到双方父母支持的婚姻,注定不幸福吗?

现实中的婚姻,并不是两个人的事情,而是两个家庭的结合:

1. 一般的产假,只有1~3个月,当你不得不开始恢复工作,谁来帮你带孩子?

2. 从孩子上幼儿园开始,学校放学的时间和父母下班的时间基本不会同步,接下来的十多年时间,谁帮你接送孩子?

3. 人生难免有一些挑战和坎坷,假如没有家庭支持系统,风雨中,谁为你提供后盾、寄托和安慰?

所以,还是把这些问题想清楚了,再做决定吧。

多谢老师指点👍

微点评　相爱,是两个人的事情;过日子,是两家人的事情。

014 教导父母

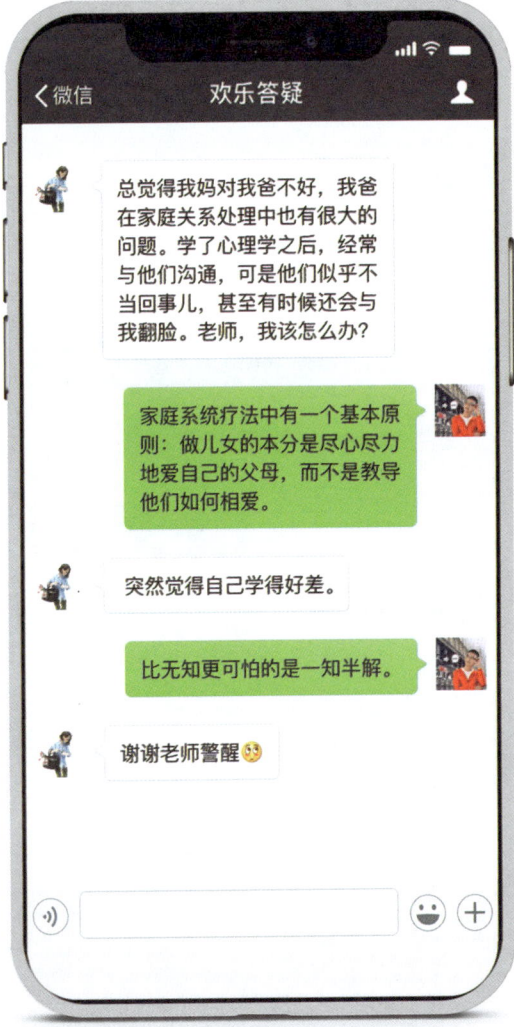

微点评 可以说是学艺不精,害人害己。
有问题,还是求助专业人士比较好,不要自己对书用药。

015 有效沟通

微点评 自己女儿长什么样,能找个什么样的人,母亲总算心里有数了。

016 自由与责任

微点评 你所有的自由，都是由能力来支撑的。

017 得到尊重

微点评　一般情况下，坚持半年，你在家里的地位就会发生变化。毕竟，经济基础决定上层建筑。

018 父亲赌博

微点评 沉迷赌博——犯罪；
家庭暴力——底线；
这样的男人，还有什么可留恋的？

019 催婚

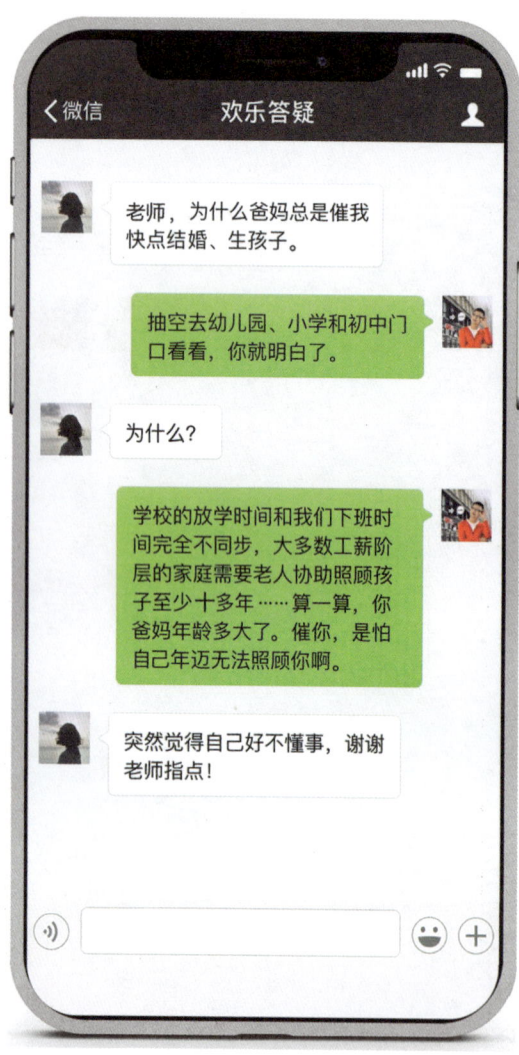

> 老师,为什么爸妈总是催我快点结婚、生孩子。

> 抽空去幼儿园、小学和初中门口看看,你就明白了。

> 为什么?

> 学校的放学时间和我们下班时间完全不同步,大多数工薪阶层的家庭需要老人协助照顾孩子至少十多年……算一算,你爸妈年龄多大了。催你,是怕自己年迈无法照顾你啊。

> 突然觉得自己好不懂事,谢谢老师指点!

微点评 岁月不饶人。 知道为什么国家放开二胎政策了,大多数家庭依旧不敢生吗?

020 嫁祸于人

> 我妈一直念叨,只要我能嫁出去,要什么家里给什么,他们会倾其所有给我陪嫁,这是为什么?

> 毕竟是嫁祸于人,给的少了,良心过不去吧。

微点评 想到了一句诗:遣妾一身安社稷,不知何处用将军。

021 听话

微点评　把父母气急了，一时情绪激动口不择言，这还被你抓住话柄了？
有本事，所有的话都听啊。比如，现在就对你说：别去死了，好好活出个人样来。

022 公婆不帮带孩子

亲子

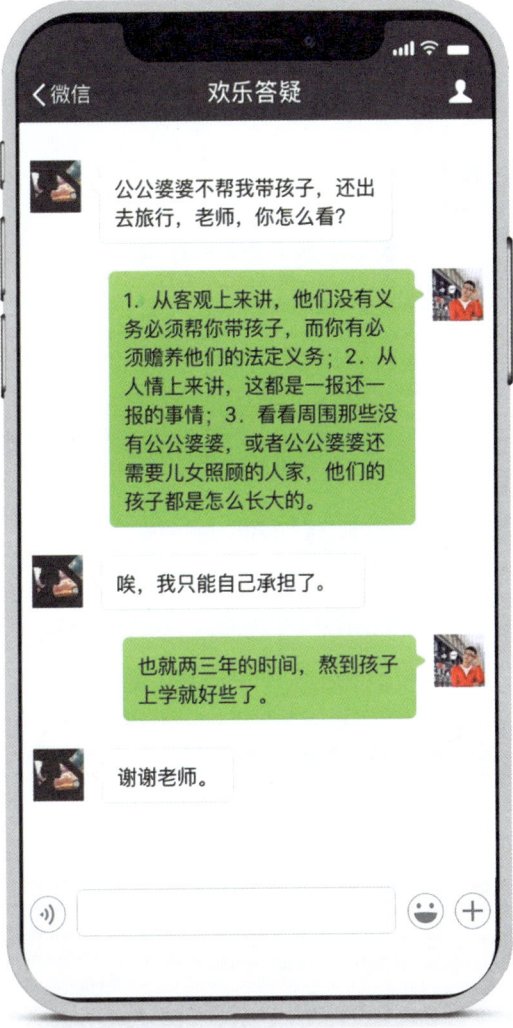

> 公公婆婆不帮我带孩子,还出去旅行,老师,你怎么看?

> 1. 从客观上来讲,他们没有义务必须帮你带孩子,而你有必须赡养他们的法定义务;2. 从人情上来讲,这都是一报还一报的事情;3. 看看周围那些没有公公婆婆,或者公公婆婆还需要儿女照顾的人家,他们的孩子都是怎么长大的。

> 唉,我只能自己承担了。

> 也就两三年的时间,熬到孩子上学就好些了。

> 谢谢老师。

微点评 这就是为什么有的家里只有孝顺的儿子,而有的家里会有孝顺的儿子和媳妇。

023 转学

微点评　可怜的班主任,遇到这样的智障家属,我只能帮您到这里了。

024 提前回家

亲子

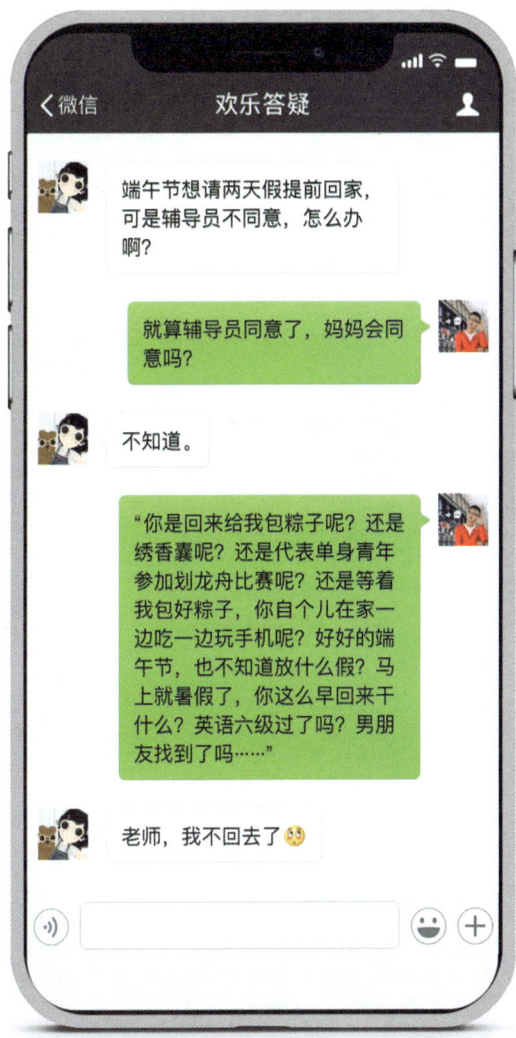

端午节想请两天假提前回家,可是辅导员不同意,怎么办啊?

就算辅导员同意了,妈妈会同意吗?

不知道。

"你是回来给我包粽子呢?还是绣香囊?还是代表单身青年参加划龙舟比赛呢?还是等着我包好粽子,你自个儿在家一边吃一边玩手机呢?好好的端午节,也不知道放什么假?马上就暑假了,你这么早回来干什么?英语六级过了吗?男朋友找到了吗……"

老师,我不回去了😢

微点评 体验式决策法,就是引导来访者身临其境思考决策后的情境,进而帮助其做出理性选择。

025 养儿不教

微点评 究竟是怎样把孩子变成祖宗的,这是父母需要反思的。

026 孩子难管

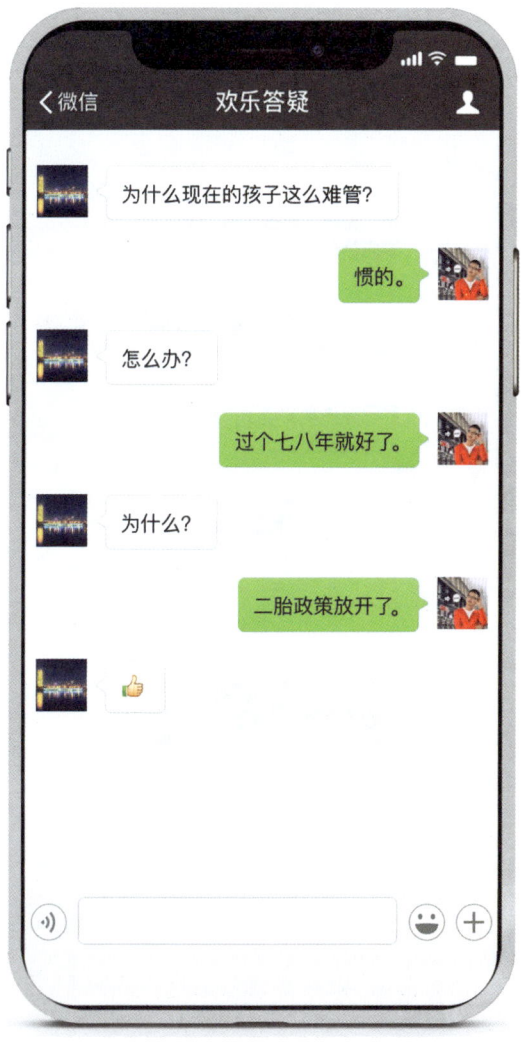

微点评 有句话:大号练废了,那就再注册个小号吧。

027 读书与整形

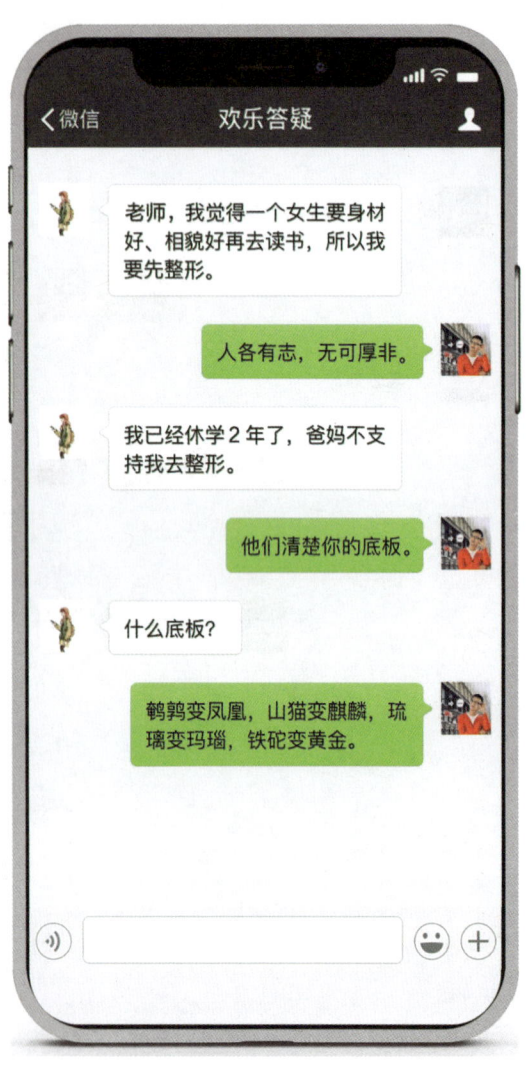

微点评　不学无术,就算能够变成好看的皮囊,又有什么用?况且,他们为什么要拿自己的血汗钱成就你的错误?

028 不想打电话

亲子

微点评　不得不说,这孩子的问题基本来自遗传。

029 儿女的角色

微点评　注意关系的分类和排序:父母之间叫夫妻关系,孩子与父母之间叫亲子关系,亲子关系是不可以凌驾于夫妻关系之上的。

030 审美差异

亲子

微点评 这就叫某某集团"控股"。

031 同龄人的影响

微点评　有让所有孩子如芒在背的一句话：你看看别人家的孩子……

032 决策权

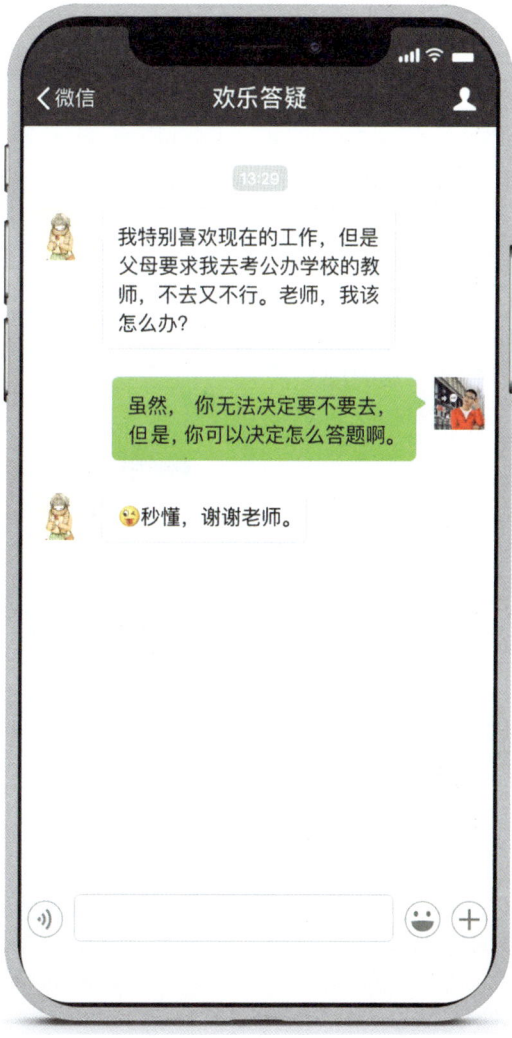

微点评 当你无法选择要不要做的时候,你可以选择做成什么样。

033 厌恶家人

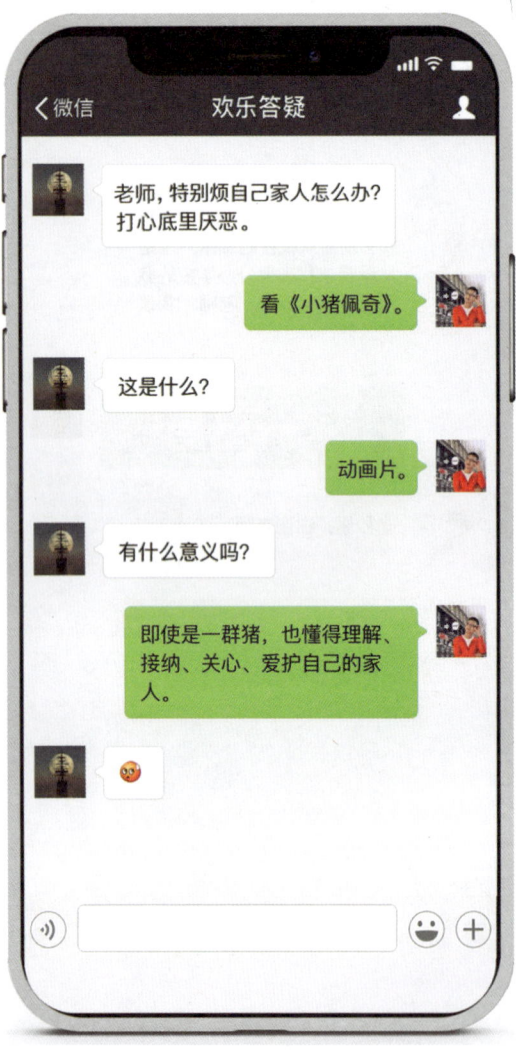

微点评 修身齐家治国平天下。齐家都做不到,还谈什么其他?

034 放过孩子

亲子

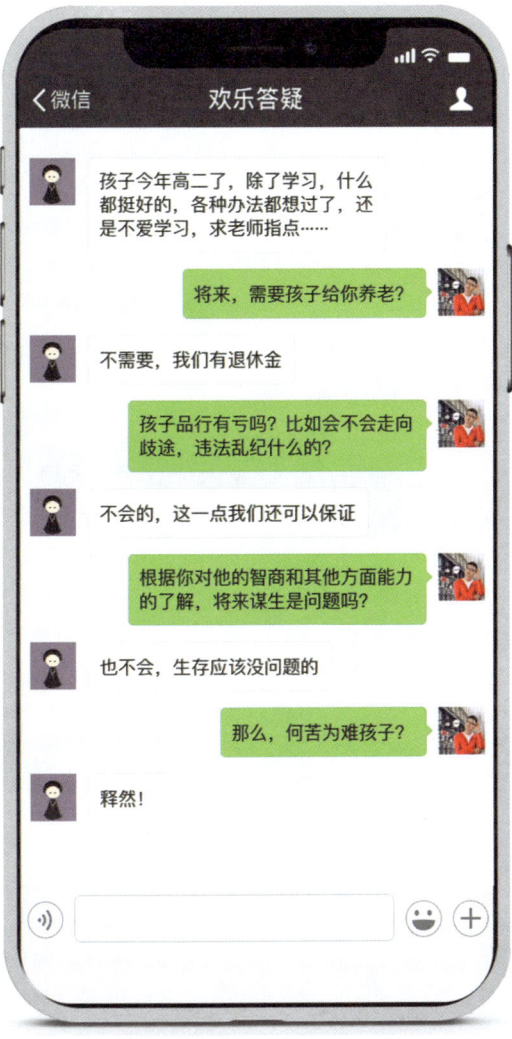

孩子今年高二了,除了学习,什么都挺好的,各种办法都想过了,还是不爱学习,求老师指点……

> 将来,需要孩子给你养老?

不需要,我们有退休金

> 孩子品行有亏吗?比如会不会走向歧途,违法乱纪什么的?

不会的,这一点我们还可以保证

> 根据你对他的智商和其他方面能力的了解,将来谋生是问题吗?

也不会,生存应该没问题的

> 那么,何苦为难孩子?

释然!

微点评 改变,从父母的期待开始。

035 女婿的选择

微点评　没有不孝顺的儿媳,只有不孝顺的儿子;
没有不孝顺的女婿,只有不孝顺的女儿。

036 理解与接纳

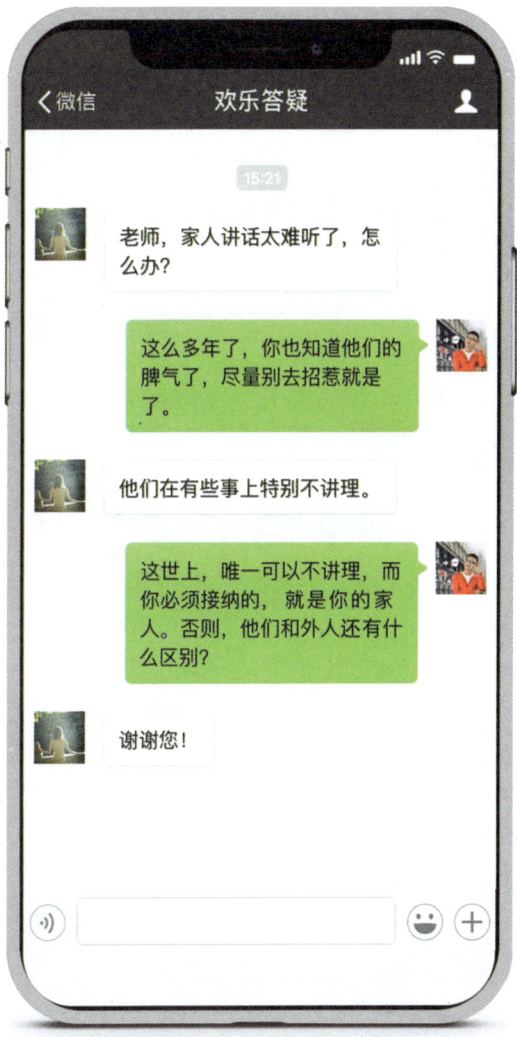

微点评　爱你的家人，理解并接纳他们本来的样子，而不是试图把他们变成你期待的样子。
看清了，摸透了，就要学会"趋利避害"，而不是一直较劲。

037 恩断义绝

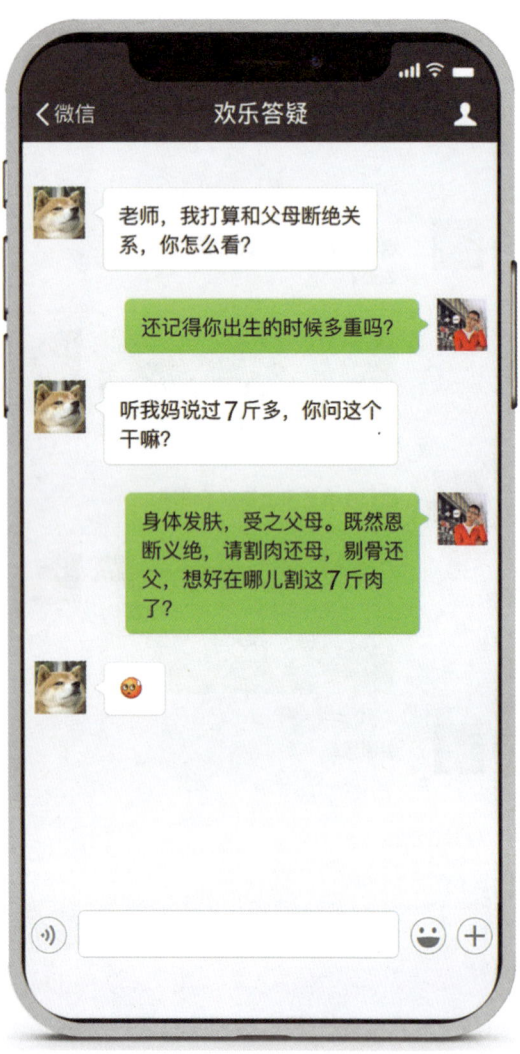

微点评 请问,你是哪吒吗?

038 位置与权限

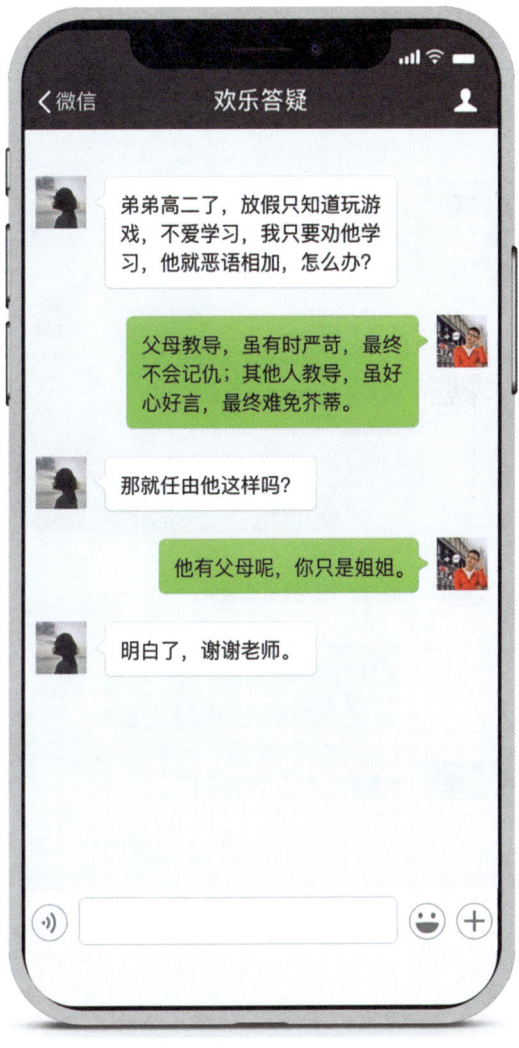

微点评 清楚个人定位,举止才能有度。

039 怀疑身世

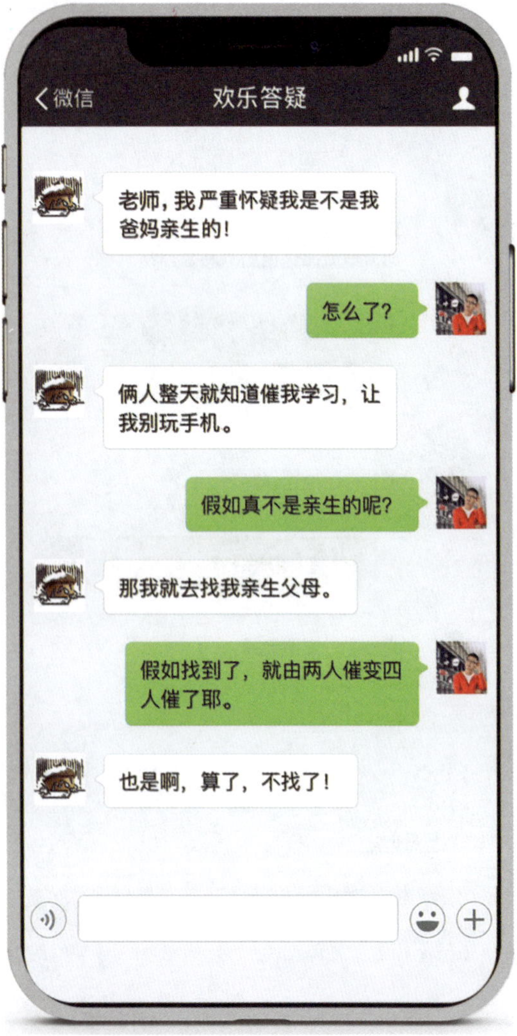

> 老师,我严重怀疑我是不是我爸妈亲生的!

> 怎么了?

> 俩人整天就知道催我学习,让我别玩手机。

> 假如真不是亲生的呢?

> 那我就去找我亲生父母。

> 假如找到了,就由两人催变四人催了耶。

> 也是啊,算了,不找了!

微点评 切中要害,瞬间理性决策。

040 小棉袄

亲子

老师,都说女儿是妈妈的小棉袄,为什么我妈总说让我减肥?

略厚,太热。

微点评 毕竟,妈妈喜欢的是小棉袄,不是军大衣。

041 黑心棉

微点评 接纳母亲,就是接纳母亲本来的样子,而不是期待她变成我们希望的样子。

042 父亲与烟

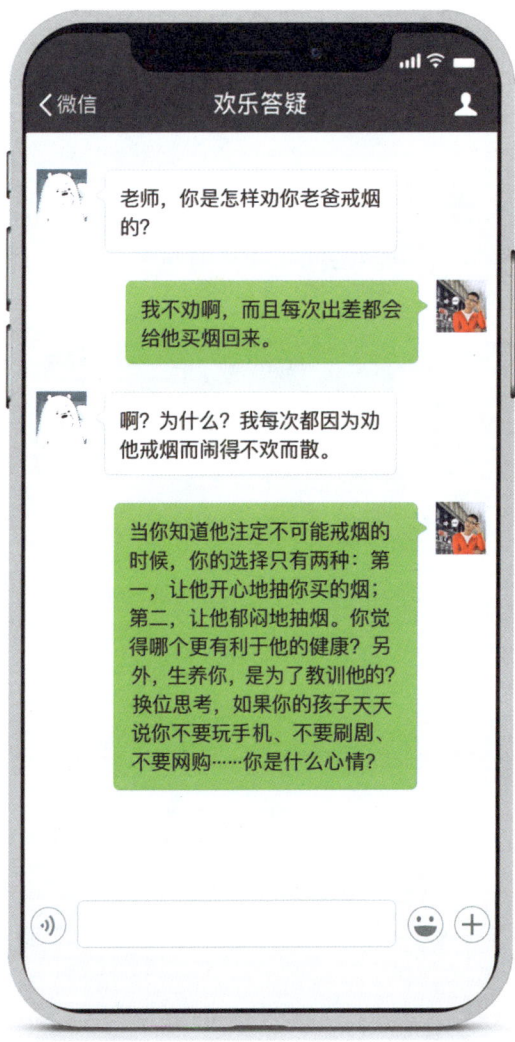

微点评 理性分析，合理行动。

043 撞车之后

微点评 在父亲看来,还能自己打电话,就说明你没事儿。另外,借别人的车出去浪,还这么不省心,你还期待父亲能对你说什么?

044 猪丢了

微点评　所以,请珍惜与猪共处的日子。

045 外婆的爱

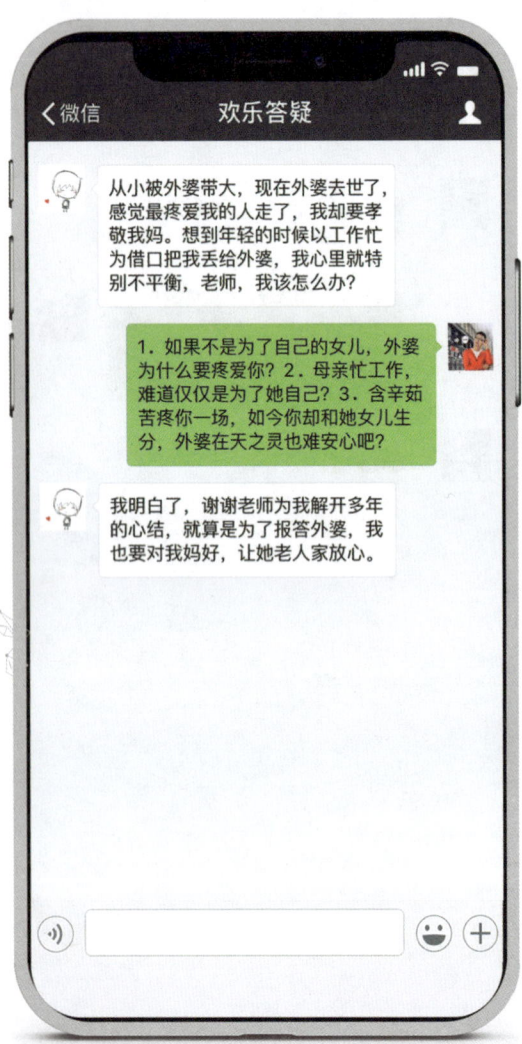

> 从小被外婆带大,现在外婆去世了,感觉最疼爱我的人走了,我却要孝敬我妈。想到年轻的时候以工作忙为借口把我丢给外婆,我心里就特别不平衡,老师,我该怎么办?

> 1. 如果不是为了自己的女儿,外婆为什么要疼爱你? 2. 母亲忙工作,难道仅仅是为了她自己? 3. 含辛茹苦疼你一场,如今你却和她女儿生分,外婆在天之灵也难安心吧?

> 我明白了,谢谢老师为我解开多年的心结,就算是为了报答外婆,我也要对我妈好,让她老人家放心。

微点评　假如你能理解母亲当年的无奈,就能明白外婆的用心。

活得明白和难得糊涂是什么关系?
药VS保健品

其他

001 我帅吗

老师,我帅吗?

滚!我又不是魔镜。

哈哈哈。

微点评 自己长什么样,自己心里没有数吗?

002 自我认知

微点评　曾经想着靠脸吃饭,后来照了照镜子,果断放弃了。

003 大叔

微点评 记得有一次去某中学讲课,我自称"大叔",结果前排的小女生给我纠正了一下大叔的定义。

004 双向选择

其他

微点评 所以,见到来访者,我们的第一句话往往都是:感谢您的信任。

005　家在山西

微点评　我家是内蒙古的——你会骑马吗？
我家是广东的——你有什么不吃的吗？
我家是新疆的——你给我们跳个舞吧！
我家是东北的——你会唱二人转吧！
这就是传说中的刻板印象。

006 讳疾忌医

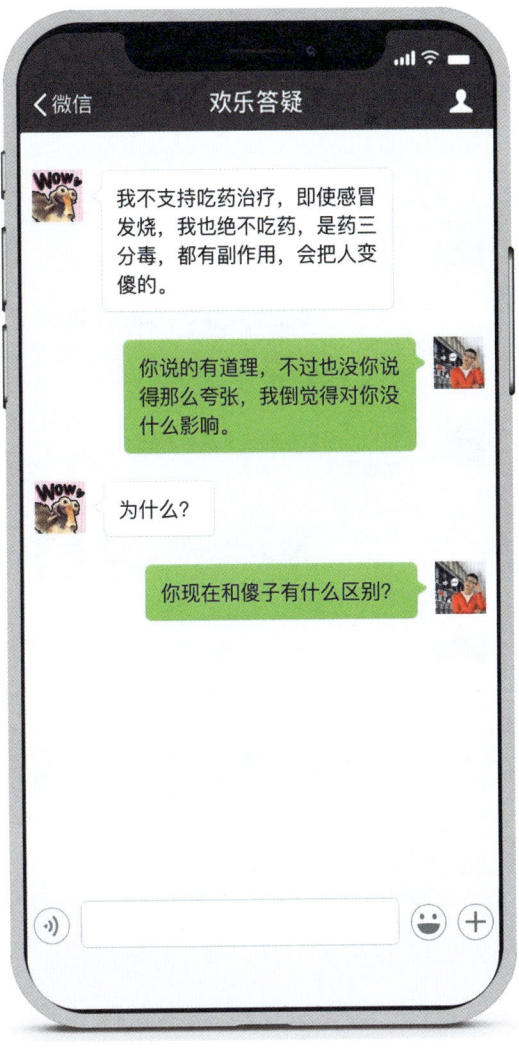

微点评 请熟读并背诵全文《扁鹊见蔡桓公》。

007 为何结婚

微点评　少年夫妻,老来伴。
　　　　为何结婚? 心有所依,情有所寄。

008 互相夸赞

微点评　说好的一起玩啊，怎么这样？

009 两块钱

微点评　成本最低，见效最快的创业项目是什么？捧个破碗，你就是老板。

010 盲目崇拜

其他

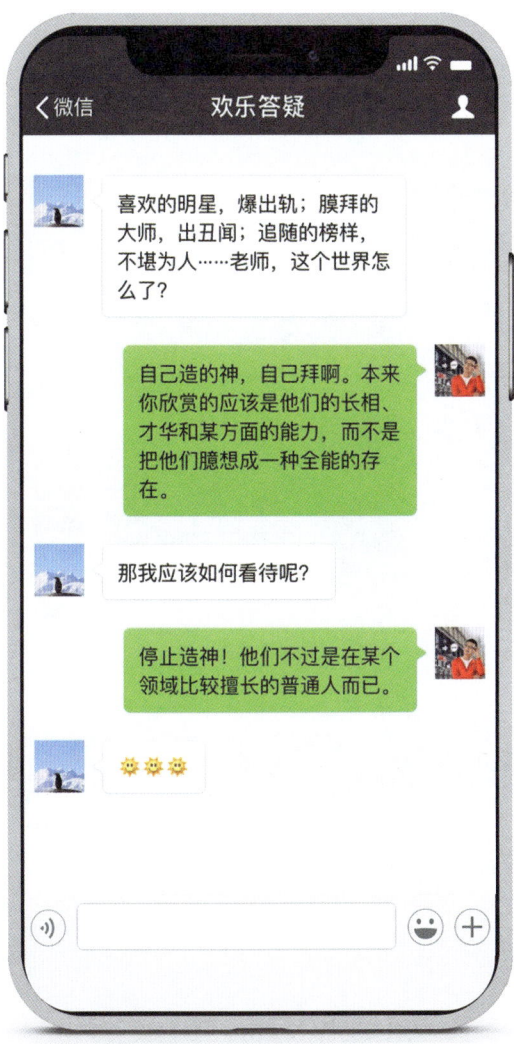

喜欢的明星，爆出轨；膜拜的大师，出丑闻；追随的榜样，不堪为人……老师，这个世界怎么了？

自己造的神，自己拜啊。本来你欣赏的应该是他们的长相、才华和某方面的能力，而不是把他们臆想成一种全能的存在。

那我应该如何看待呢？

停止造神！他们不过是在某个领域比较擅长的普通人而已。

🌞🌞🌞

微点评 他们也是人，这到底是一种谅解还是一种无奈？

011 名字

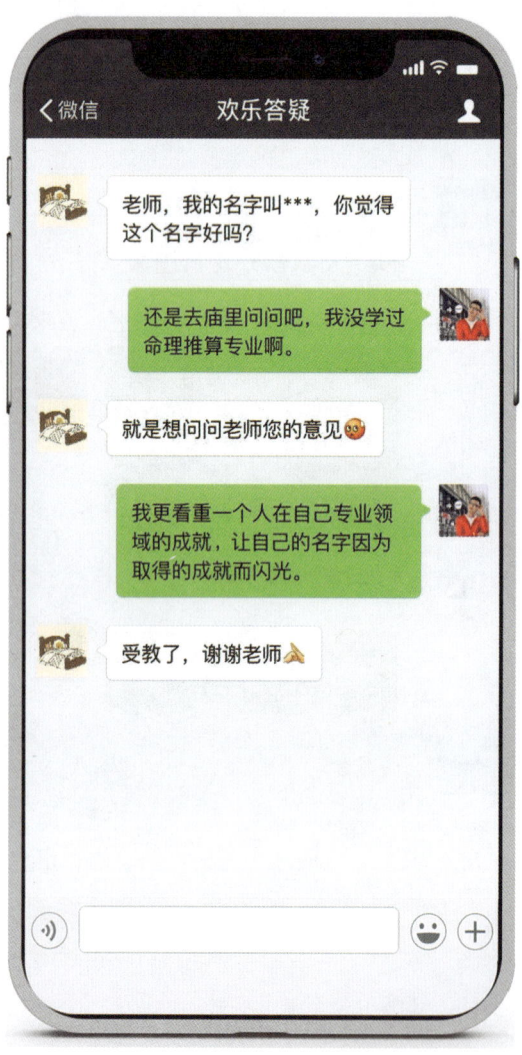

微点评 术业有专攻,有的人认为名字就是个代号,有的人却赋予了名字各种意义,关键看你信什么?

012 中午吃什么

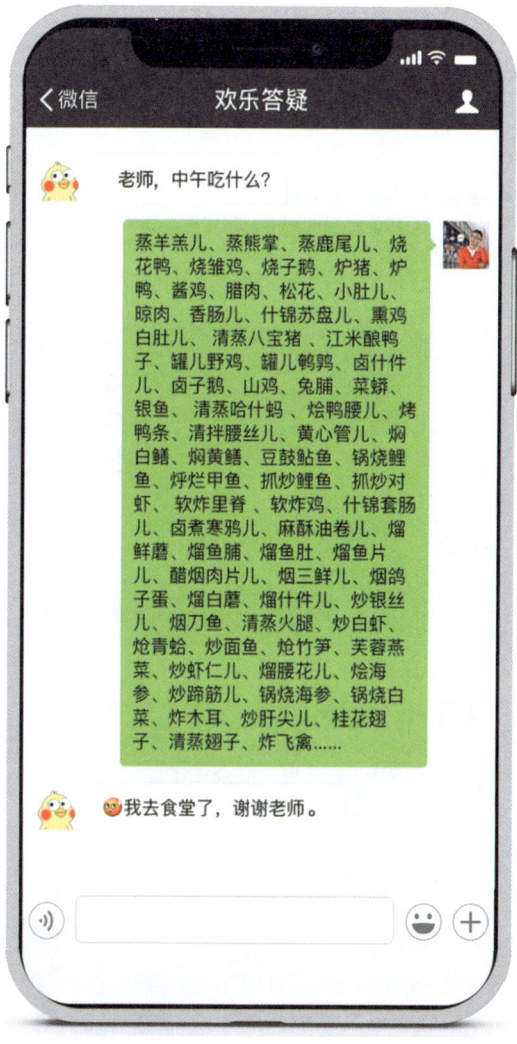

老师，中午吃什么？

蒸羊羔儿、蒸熊掌、蒸鹿尾儿、烧花鸭、烧雏鸡、烧子鹅、炉猪、炉鸭、酱鸡、腊肉、松花、小肚儿、晾肉、香肠儿、什锦苏盘儿、熏鸡白肚儿、清蒸八宝猪、江米酿鸭子、罐儿野鸡、罐儿鹌鹑、卤什件儿、卤子鹅、山鸡、兔脯、菜蟒、银鱼、清蒸哈什蚂、烩鸭腰儿、烤鸭条、清拌腰丝儿、黄心管儿、焖白鳝、焖黄鳝、豆豉鲇鱼、锅烧鲤鱼、烀烂甲鱼、抓炒鲤鱼、抓炒对虾、软炸里脊、软炸鸡、什锦套肠儿、卤煮寒鸦儿、麻酥油卷儿、熘鲜蘑、熘鱼脯、熘鱼肚、熘鱼片儿、醋熘肉片儿、烟三鲜儿、烟鸽子蛋、熘白蘑、熘什件儿、炒银丝儿、烟刀鱼、清蒸火腿、炒白虾、炝青蛤、炒面鱼、炝竹笋、芙蓉燕菜、炒虾仁儿、熘腰花儿、烩海参、炒蹄筋儿、锅烧海参、锅烧白菜、炸木耳、炒肝尖儿、桂花翅子、清蒸翅子、炸飞禽……

我去食堂了，谢谢老师。

微点评　请欣赏相声名段《报菜名》。

013 指纹测性格

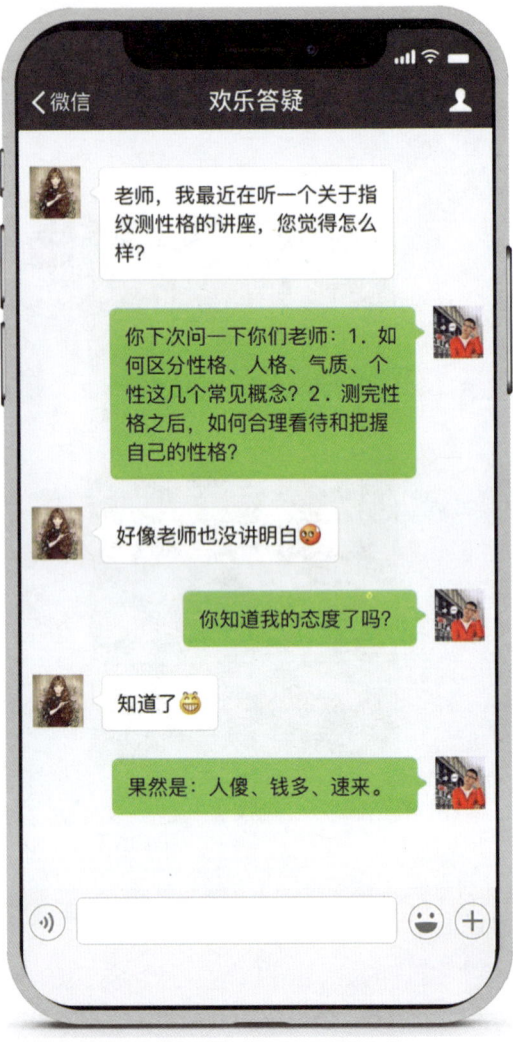

老师,我最近在听一个关于指纹测性格的讲座,您觉得怎么样?

你下次问一下你们老师:1.如何区分性格、人格、气质、个性这几个常见概念?2.测完性格之后,如何合理看待和把握自己的性格?

好像老师也没讲明白😳

你知道我的态度了吗?

知道了😁

果然是:人傻、钱多、速来。

微点评 这种讲座的出现,主要是用来测智商的吧。

014 说与唱

其他

微点评　知道怎么自嘲了吧！

015 过洋节

微点评 所谓的"过洋节",最初,不过是商家引导消费的一种噱头,和该节日在其本土文化中的"过法"相去甚远。所以,没必要过于敏感。

016 美剧与生活

微点评　知道我在说哪两部剧的同学请举手！

017　生涯咨询

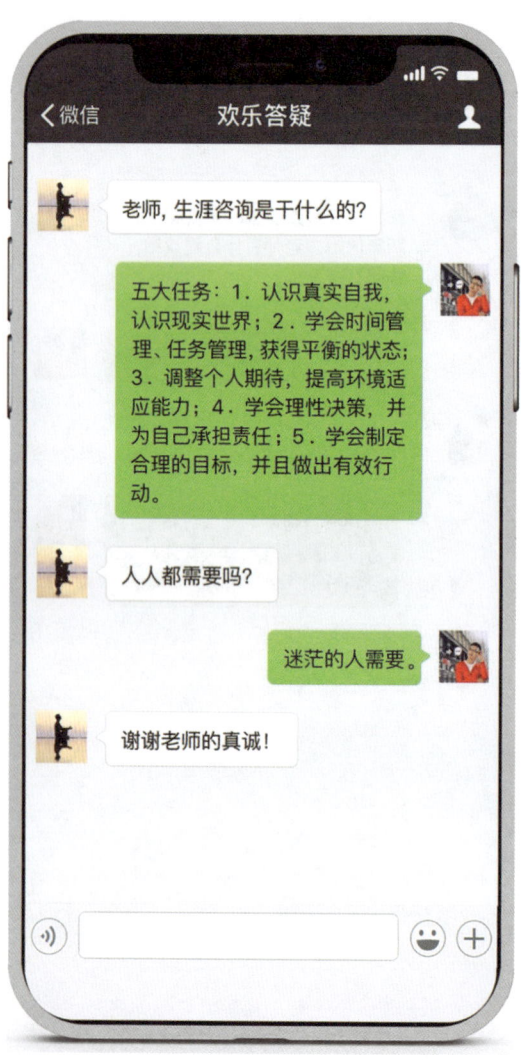

> 老师，生涯咨询是干什么的？

> 五大任务：1．认识真实自我，认识现实世界；2．学会时间管理、任务管理，获得平衡的状态；3．调整个人期待，提高环境适应能力；4．学会理性决策，并为自己承担责任；5．学会制定合理的目标，并且做出有效行动。

> 人人都需要吗？

> 迷茫的人需要。

> 谢谢老师的真诚！

微点评　推荐读物：金树人老师的经典著作《生涯咨询与辅导》。

018 观点

微点评　世上本无万全法，又渡贤良又渡魔。
　　　　　从来各花入各眼，何必强求人人夸。

019 认识你很高兴

微点评 可以说是很真诚了。

020 长生不老

其他

> 你这里有让人长生不老的秘方吗?

> 有啊,还是一代名医李时珍留下的呢,就是药不太好找,服用方法也很讲究,不知道你有没有耐心。

> 有!必须有!

> "千年陈谷酒,万载不老姜,隔河杨搭柳,六月瓦上霜,连服三万七千年"。

微点评 年轻人,有想法就要有行动哦。

021 争辩

微点评　多说不益,不如守中。

022 明白与糊涂

微点评　活得明白——看得透。
难得糊涂——放得下。

023 被骗传销

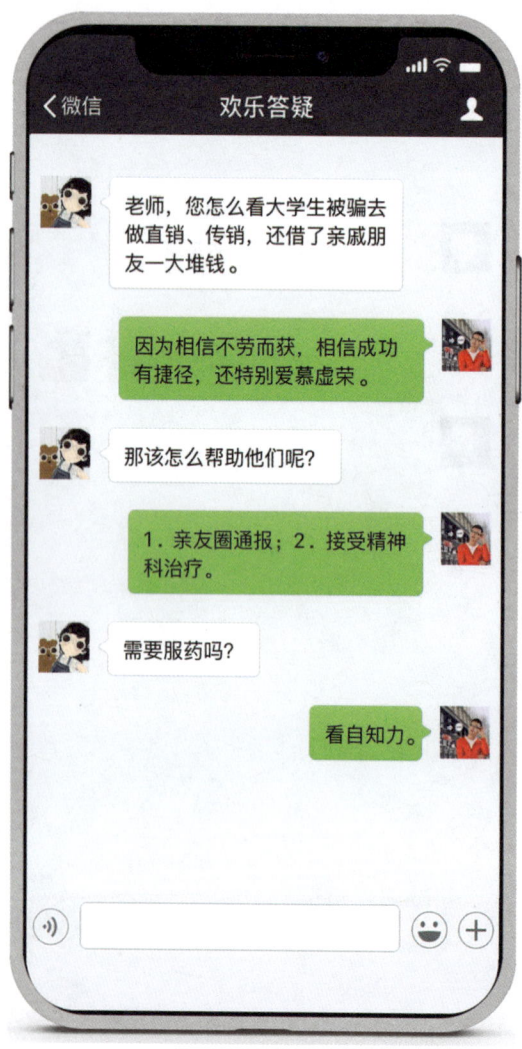

> 老师,您怎么看大学生被骗去做直销、传销,还借了亲戚朋友一大堆钱。

> 因为相信不劳而获,相信成功有捷径,还特别爱慕虚荣。

> 那该怎么帮助他们呢?

> 1. 亲友圈通报;2. 接受精神科治疗。

> 需要服药吗?

> 看自知力。

微点评 你若不相信天上会掉馅饼,骗子怎能诱惑你?你若不期待不劳而获,骗子怎能让你失去理智?

024 就业难

其他

微点评　作为学生，需要思考怎样让自己脱颖而出。
　　　　作为家长，需要思考怎样让孩子学会独立。

025 人心难测

微点评 觉得这样的问答很有机锋呢。

026 想提问

微点评　但愿世间人无病,何妨架上药生尘。
　　　　虽无刘阮逢仙术,只效岐黄济世心。

027 老掉牙的问题

微点评 知道怎么拒绝无聊的人了吧!

028 这么丑

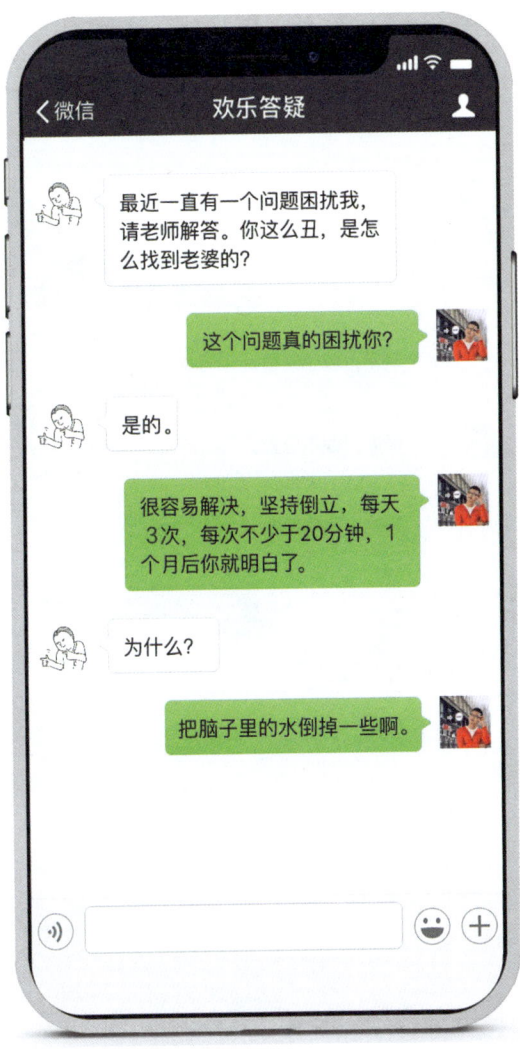

微点评　友情提示：遵医嘱。

029 脸上长痘

- 老师,脸上经常出痘,怎么办?
- 去皮肤科看看。
- 啊哈,我也知道。
- 啊哈,我不想去。
- 啊哈,我就问你。
- 那先看精神科吧。

微点评 术业有专攻,吃药不分人。

030 中高考成绩

其他

微点评　老师：看到期末考试的成绩，你最大的感受是什么？
学生：我妈妈决定要生二胎了。

031 一夜暴富

微点评 讲真,我要是知道,就不用干这个了吧?

032 相信学生

微点评 他们能够感受到"怼"背后的积极引导和良苦用心。

033 理财产品

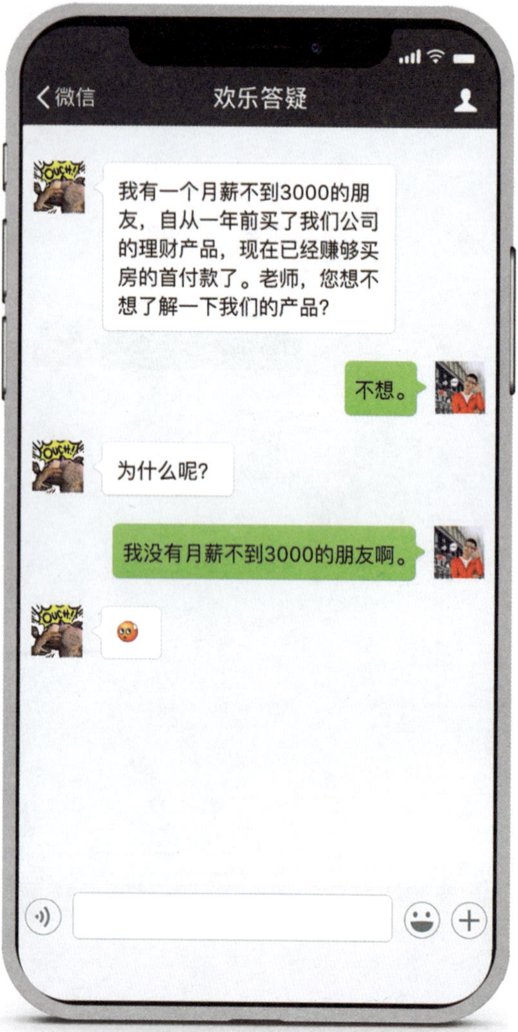

> 我有一个月薪不到3000的朋友，自从一年前买了我们公司的理财产品，现在已经赚够买房的首付款了。老师，您想不想了解一下我们的产品？

> 不想。

> 为什么呢？

> 我没有月薪不到3000的朋友啊。

> 😳

微点评 论择友的重要性。

034 善恶之报

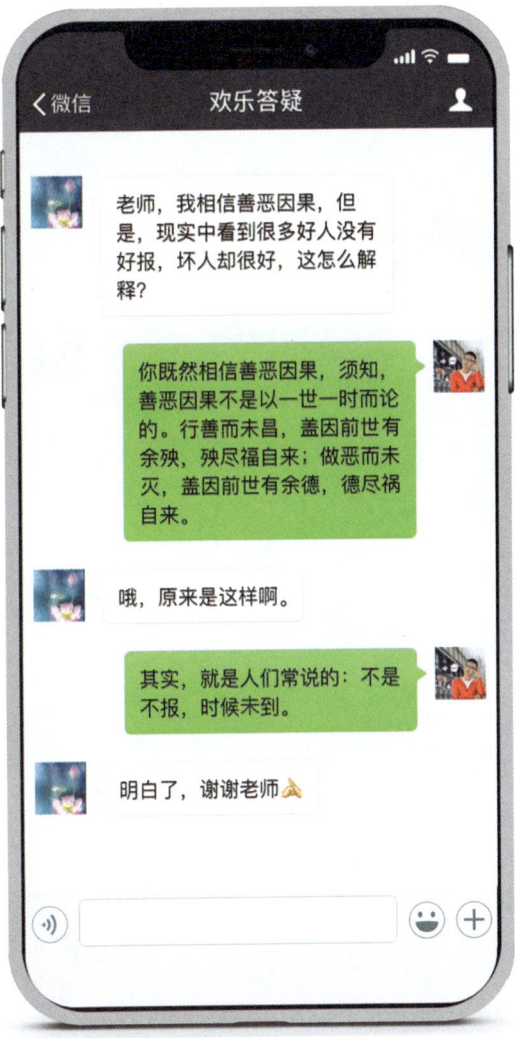

微点评　不同学科，不同算法。

035 路边行乞

> 对于路边举牌求五元路费或者赞助晚饭的人,老师怎么看?

> 出门带着粉笔、马克笔以及大白报纸的,都不简单。

微点评 可以善良,但是,别被当成傻子。

036 善意和恶意

其他

微点评 天无私覆,地无私载,日月无私照。

037 竞争

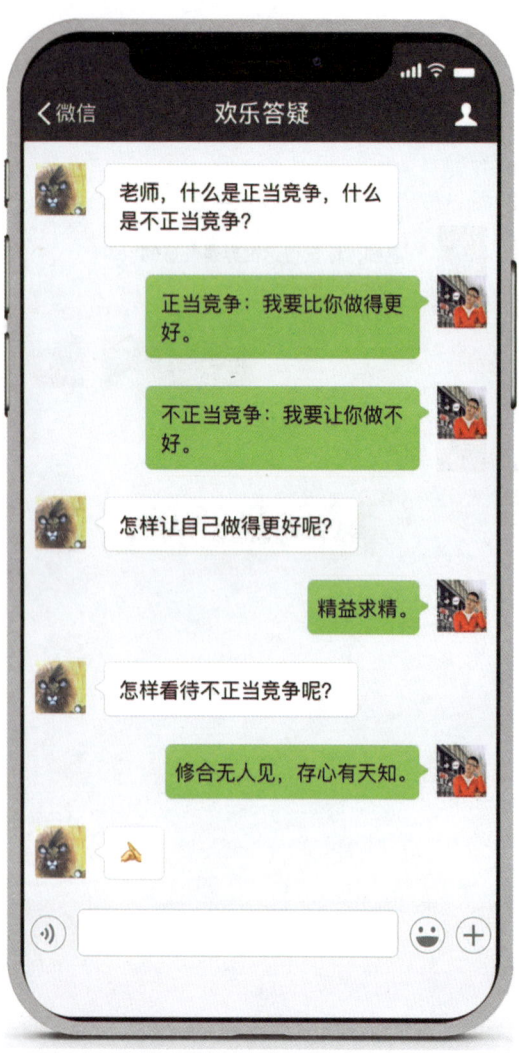

微点评　天不藏奸，邪不压正。

038 取关与复关

微点评　无欲则刚。千磨万击还坚劲，任尔东西南北疯（风）。

039 谁来咨询

微点评 家庭和谐之根本：要么自己干，要么闭嘴，要么高唱感恩的心。

040 北京户口

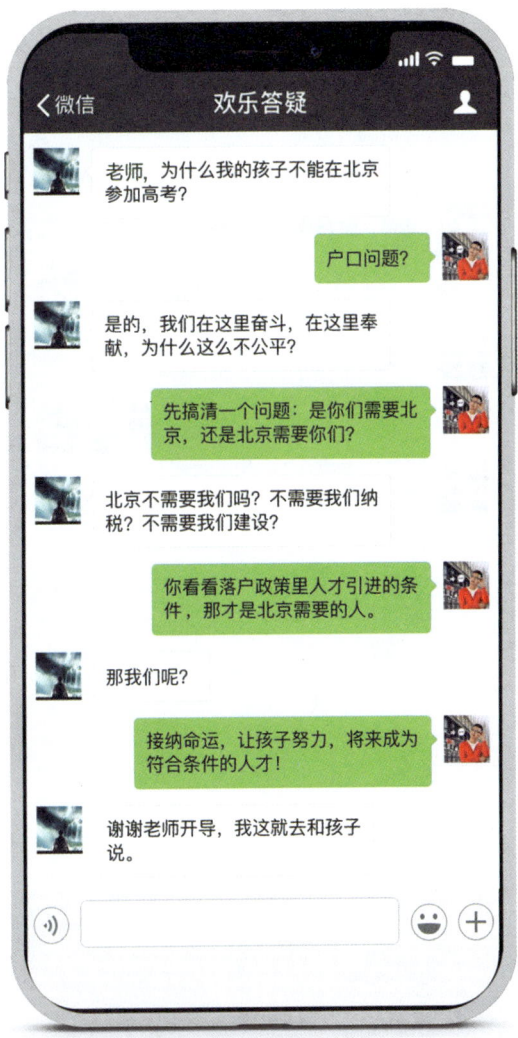

微点评 接纳现实,创造未来。

041 爱上一座城

- 老师,怎样算爱上一座城?
- 买房,安家。
- 那买不起房呢?就算不够爱?
- 应该是不配爱吧。

微点评 无论对于人,还是对于城,想说爱你不容易。

042 闲操心

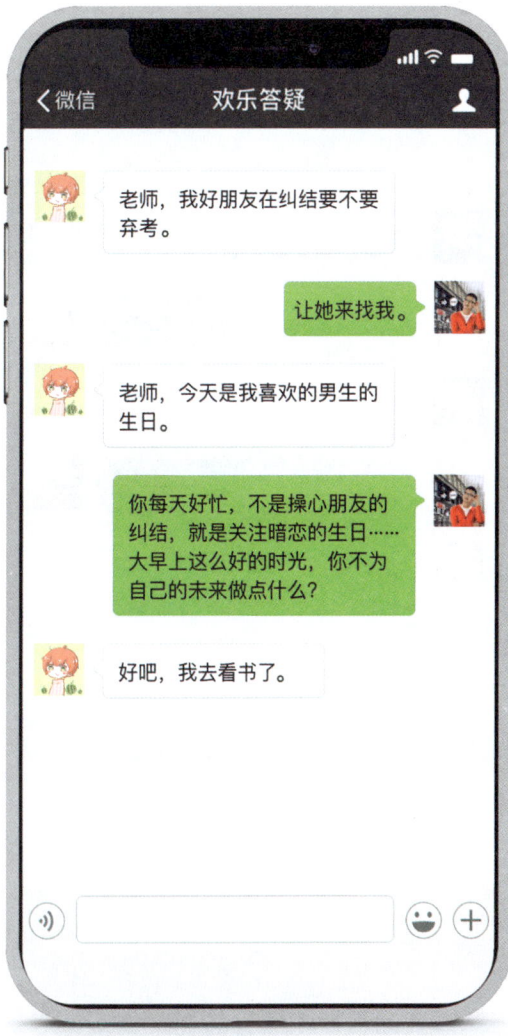

微点评 你是真的很闲,还是因为关注了这个公众号,而没话找话?

043 上课容易饿

微点评 论人职匹配的重要性。

044 尝试答疑

其他

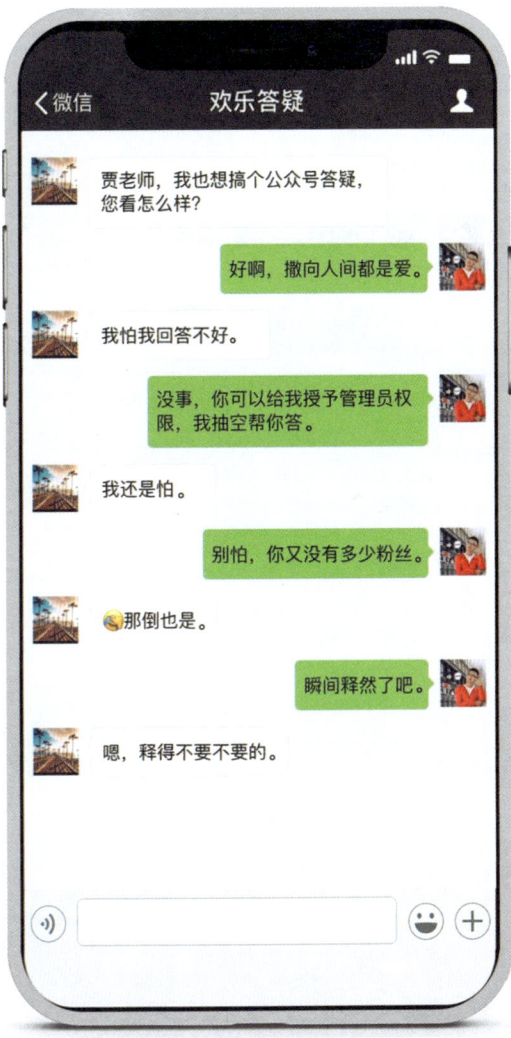

微点评　劝人不要担心的方法有很多，比如实话实说。

045 每日关注

微点评 感谢大家的支持与厚爱,比心所有人!

欢乐答疑赋

当今天下,信息爆炸,跨行跨界,"互联网+";
微信微博,遍地开花,咨询需要,即时回答;
欢乐答疑,有问必答,与时俱进,服务大家。

每遇咨询,潜心静气,字斟句酌,凝练话语;
每遇培训,悉心准备,现场答疑,偶有妙趣;
恰逢微信,公众号立,尝试推广,人数日剧。

职业困惑,无法觉察,寥寥数语,负担放下;
情绪情感,心乱如麻,换位思考,道理通达;
心理烦恼,求助无他,耐心解释,疗效甚佳;
不良习惯,无法自拔,寓教于乐,自我省察。

工作之余,迅速答疑,助人自助,鞭辟入里;
每日精选,适当处理,典型案例,收藏整理;
累计五百,修订成籍,发行四方,解惑释疑;
感恩关注,感恩提问,感恩雅正,感恩传递。

没有什么想不开 / 欢乐答疑500例